David Capaccioli

ANALISI STATISTICA PER IL RISPARMIO ENERGETICO IN UNA STRUTTURA COMPLESSA

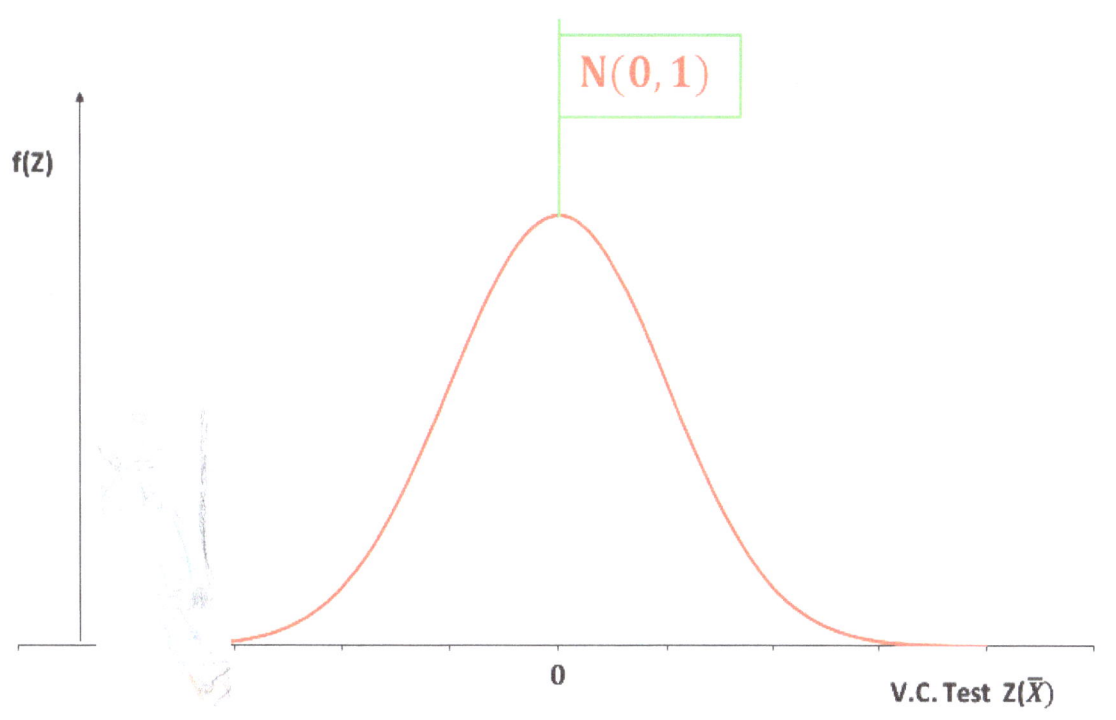

INDICE

Introduzione

Si analizza uno **strumento** realizzato attraverso la costruzione di indicatori e modelli statistici, il quale consente di **spiegare** l'**andamento** delle **temperature** nei mesi invernali all'interno dei locali di una qualsiasi struttura complessa (composta cioè da un elevato numero di stanze diverse tra loro).

La sperimentazione di tale strumento è stata effettuata su una particolare struttura, caratterizzata da ampia metratura, composta da molte stanze, corridoi e suddivisa in due ali ed estesa su cinque piani, nella quale un'associazione accoglie ospiti (generalmente anziani) autosufficienti.

L'**obiettivo** che abbiamo **raggiunto** è stato quello di **controllare** ed **ottimizzare** le **temperature** all'interno dei locali, consentendo all'edificio stesso, tramite la regolazione mirata delle caldaie e dei radiatori, dunque **senza** l'apporto di **modifiche strutturali** dell'edificio, sia **uniformità di temperatura** tra i vari locali, che è condizione ideale per chi vi risiede (basti pensare alla **legge sulla sicurezza** riguardante **microclima** e **stress termico** da temperatura), sia un notevole **risparmio energetico** (si parla di un risparmio stimato intorno al 30%).

Il vantaggio fondamentale di tale strumento, ossia di un'analisi statistica di questo tipo, si può concretizzare nel fatto che, innanzitutto, dobbiamo considerare il **risparmio energetico** ottenuto come un valore di tipo **dinamico**, che si ripeterà cioè per ogni anno a venire (e non una sola volta); inoltre, considerando i fini perseguiti (si parla chiaramente sempre di stato ambientale e risparmio energetico), **aggiornando** con i dati futuri i modelli statistici, quest'ultimi forniranno **previsioni** sempre più **corrette**, consentendoci di prendere **decisioni strategiche**, relativamente alla regolazione di radiatori e caldaie, sempre più **ottimali**.

Di seguito verrà spiegato a livello più dettagliato, con l'ausilio anche di una vasta serie di fogli di calcolo, tabelle e grafici (collocati in appendice), la **metodologia** utilizzata[1] per ottenere tali **risultati**, in modo da avvalorare accuratezza e veracità dello studio svolto.

ATTENZIONE: Se si desidera approfondire la **metodologia** utilizzata a livello più avanzato, ed affrontare a livello specifico i concetti di **probabilità** ed **inferenza statistica**, si consiglia di consultare il libro **"L'INFERENZA STATISTICA NON È (PIÙ) UN PROBLEMA. ESEMPI ED ESERCIZI"**.

---

[1] Nelle note talvolta sono previste anche informazioni di natura estremamente tecnica che possono tranquillamente essere non considerate a discrezione dell'utente.

1 I dati oggetto dell'analisi

Si osservi la matrice dei dati oggetto dell'analisi effettuata (**fig.1**): le unità statistiche che compongono il campione sono le "stanze/zone" in cui avvengono le rilevazioni, la numerosità campionaria n è pari a 106 rilevazioni[2]; la validità dello strumento che stiamo analizzando verte sullo studio incrociato di 6 **variabili**, cioè caratteristiche le cui modalità (i dati appunto) sono state rilevate su ciascuna stanza/zona appartenente al campione, e 5 **fattori**, definibili come caratteristiche delle unità statistiche (le stanze/zone) le cui modalità, dette livelli, assumono valori interi appartenenti ad un intervallo finito.

Le **variabili** in questione sono: temperatura in gradi centigradi rilevata nelle stanze/zone appartenenti al campione (che a livello immediato indica la **non-uniformità** tra i locali della struttura (**fig.2**)), numero degli elementi dei radiatori, regolazione dei radiatori, dimensione delle stanze, numero finestre/portefinestre, apertura delle finestre/portefinestre in metri lineari.

I **fattori** in questione, come si può esaminare a livello dettagliato (**fig.3**), sono:

---

[2] Si noti che se il campione è composto da $n = 106$ stanze in cui avvengono le rilevazioni questo non significa che i dati si riferiscono a 106 locali diversi tra loro, infatti come osserveremo due rilevazioni possono essere state effettuate anche sullo stesso locale, magari in tempi diversi.

1)   piano in cui si trova le stanza/zona in cui è avvenuta la rilevazione, composto da 5 livelli (1 = piano terra, 2 = piano primo, 3 = piano secondo, 4 = piano terzo, 5 = piano quarto).

2)   Ala dell'edificio contenente la stanza/zona, composto da 2 livelli   (1 = ala centrale, 2 = ala laterale).

3)   Periodo di tempo in cui avviene la rilevazione, composto da 2 livelli (1 = Dicembre (freddo moderato), 2 = Gennaio (freddo intenso)).

4)   Orientamento della stanza/zona, composto da 4 livelli (1 = Nord, 2 = Sud, 3 = Est, 4 = Ovest).

5)   area dei piani, composto da 5 livelli (1 = Ala centrale sinistra, 2 = Ala centrale destra, 3 = Ala centrale anteriore, 4 = Ala laterale anteriore, 5 = Ala centrale posteriore).

Numerosità campione i	VARIABILI						FATTORI				
Stanze/zone in cui avvengono le rilevazioni	y_i Temperatura (°C)	x_{i1} Num totale elementi dei riscaldamenti	x_{i2} Regolazione riscaldamenti (media ponderata)	x_{i3} Dimensione (Mt.²)	x_{i4} Numero finestre portefinestre	x_{i5} Dimensione apertura finestre (Mt.Lineari)	P $\pi_{k\|ij}$ Piano k=1,2,3,4,5 1=terra,...,5=4°	A $\alpha_{h\|ij}$ Ala h=1,2 1=centr,2=later	T $\theta_{t\|ij}$ Tempo t=1,2 1=Dic,2=Gen	O $\Omega_{j\|ij}$ Orientamento j=1,2,3,4 1=N,2=S,3=E,4=O	R $\rho_{s\|ij}$ Aree dei piani s=1,2,3,4,5
1	20,80	46	2,48	90,20	4	11,10	1	1	1	3	3
2	20,00	9	5,00	13,56	0	0,00	1	1	1	2	1
3	17,50	5	0,00	11,20	1	1,20	1	1	1	1	2
4	18,50	9	1,00	10,20	1	1,20	1	1	1	1	2
5	19,00	40	5,00	126,00	7	15,00	1	1	1	2	1
6	21,80	13	5,00	40,00	4	6,80	1	1	1	1	2
7	18,20	9	4,00	30,60	1	2,30	1	1	1	1	2
8	19,00	20	1,75	41,44	1	3,55	1	2	1	4	5
9	18,30	10	2,00	14,00	1	3,35	1	2	1	4	5
10	17,75	57	2,24	82,64	13	30,95	1	2	1	3	4
11	17,70	67	1,62	164,52	6	15,90	1	2	1	4	5
12	20,50	46	2,22	90,20	4	11,10	1	1	2	3	3
13	21,00	9	5,00	13,56	0	0,00	1	1	2	2	1
14	19,80	5	3,00	11,20	1	1,20	1	1	2	1	2
15	19,00	9	1,00	10,20	1	1,20	1	1	2	2	2
16	20,20	40	4,38	126,00	7	15,00	1	1	2	2	1
17	17,10	13	3,50	40,00	4	6,80	1	1	2	1	2
18	19,70	9	4,00	30,60	1	2,30	1	1	2	1	2
19	19,50	20	1,75	41,44	1	3,55	1	2	2	4	5
20	18,50	10	2,00	14,00	1	3,35	1	2	2	4	5
21	17,25	57	2,24	82,64	13	30,95	1	2	2	3	4
22	17,90	67	1,19	164,52	6	15,90	1	2	2	4	5

Figura 1

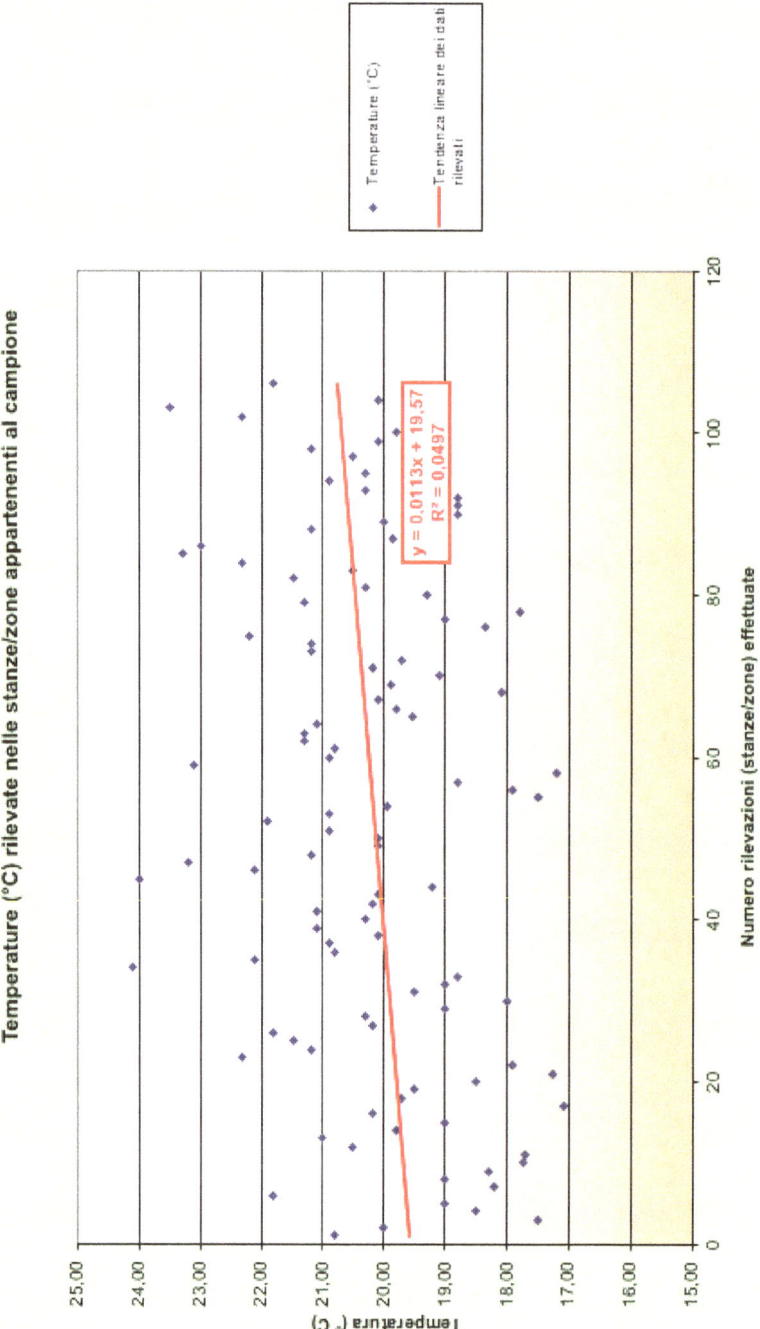

Figura 2

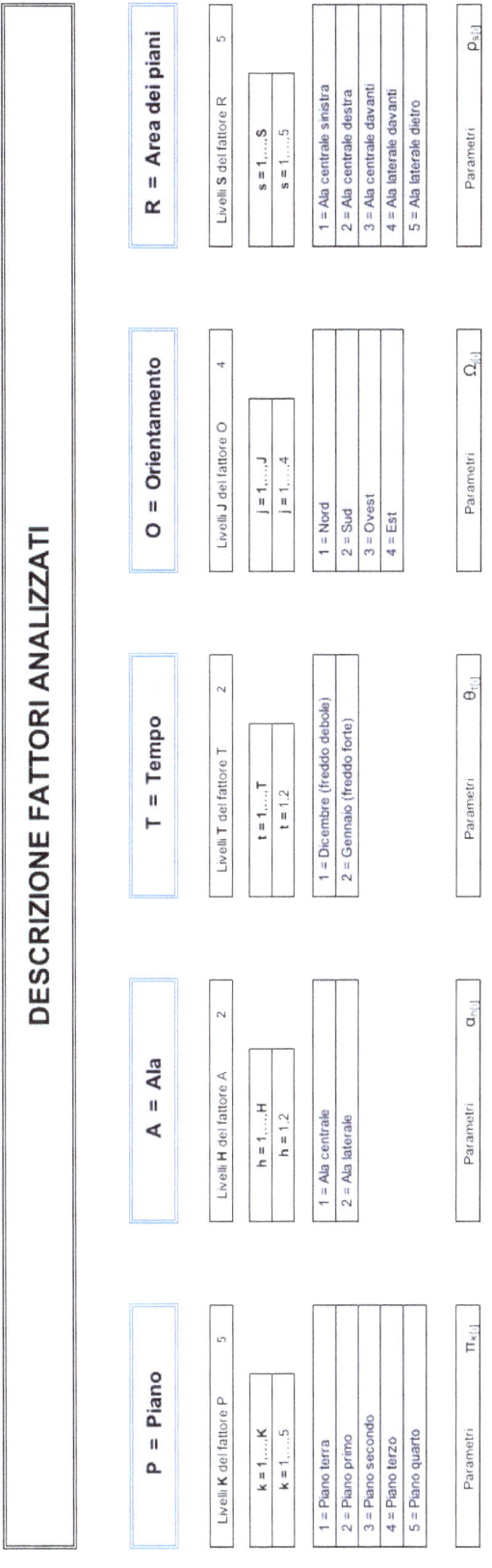

Figura 3

2   Analisi dei dati tramite indicatori statistici

Si elaborano i dati in una serie di tabelle e grafici che forniscono appropriati **indicatori statistici**[3] che segnalano:

1)   Come varia la temperatura entro ciascun piano e tra i piani (**fig.4** e **fig.5**): il grafico presenta alcune linee orientate in senso verticale in cui viene evidenziato

---

[3] **Media campionaria** (valore atteso): singolo valore numerico che descrive sinteticamente un insieme di dati campionari; in generale la media ha lo scopo rifornire un'idea dell'ordine di grandezza del fenomeno oggetto dell'indagine. $X = (1 / n)\ \Sigma_n X_i$ (i = 1,…,n)

Mediana campionaria $X_{0.5}$ valore assunto dalle unità statistiche (oppure dalla singola unità) che si trovano nel mezzo della distribuzione campionaria, ordinata in senso crescente, della variabile quantitativa.

Asimmetria : valore che fornisce una misura della mancanza di simmetria della distribuzione intorno ad un valore fissato X_0
$\beta_3 = E[((X-\mu)/\sigma)^3] = \mu_3$ *momento terzo standardizzato*

Una distribuzione è simmetrica se $\beta_3 = 0$ (condizione necessaria ma non sufficiente) e se il valore atteso, la mediana e la moda statistica (modalità della variabile alla quale è associata la frequenza più alta) coincidono tra loro (ad esempio in una distribuzione normale).
Una distribuzione è asimmetrica positivamente se $\beta_3 > 0$
Una distribuzione è asimmetrica negativamente se $\beta_3 < 0$

Curtosi: valore che fornisce una misura dello spessore delle code di una funzione di densità, ovvero il grado di "appiattimento" di una distribuzione (allontanamento dalla normalità distributiva).
$B_4 = E[((X-\mu)/\sigma)^4] = \mu_4$ *momento quarto standardizzato*

Una distribuzione viene detta normale se $\beta_4 = 3$
Una distribuzione viene detta leptocurtica se $\beta_4 > 0$
Una distribuzione viene detta platicurtica se $\beta_4 < 0$

Deviazione standard (e.s) campionaria: valore che misura la dispersione dei dati intorno al loro valore atteso (media campionaria) $S = radq\{\ [\Sigma_n (X_i - X)^2]\ / (n - 1)\}$

un pallino; quest'ultimo presenta il valore mediano del fenomeno, la linea invece, indicando ai suoi estremi il valore massimo e minimo, rappresenta la variabilità del fenomeno (è preferibile perciò, a prescindere dal valore mediano che deve essere nella norma, una linea più corta che indica minore variabilità della temperatura tra i vari locali).

Indicatori temperatura (°C) Entro Piani

INDICI DI POSIZIONE

INDICI DI POSIZIONE		Piano terra	1°	2°	3°	4°
Valore Minimo	X_{MIN}	17.1000	18.0000	17.2000	17.8000	18.8000
Valore Massimo	X_{MAX}	21.8000	24.1000	24.0000	23.3000	23.5000
Mediana	$\overline{X}_{0.5}$	19.0000	20.3000	20.8500	20.3000	20.1000
Media Campionaria	$\overline{X}$	19.0455	20.5273	20.4917	20.5333	20.2824
Moda Statistica	$\overline{X}_M$	19.0000	20.2000	20.1000	21.2000	18.8000

INDICI DI FORMA

INDICI DI FORMA		Piano terra	1°	2°	3°	4°
Asimmetria	β_3	0.3660	0.5361	-0.0897	0.1412	0.9484
Curtosi	β_4	-0.7271	0.8916	-0.1859	-0.4457	0.6205

INDICI DI VARIABILITA'

INDICI DI VARIABILITA'		Piano terra	1°	2°	3°	4°
Varianza	S^2	1.7200	1.8954	3.0867	2.1336	1.7840
Deviazione Standard (e.s.)	S	1.3115	1.3767	1.7569	1.4607	1.3357
Coefficiente di Variazione	C.V.	0.0689	0.0671	0.0857	0.0711	0.0659

Indicatori temperatura (°C) Tra Piani

INDICI DI POSIZIONE

Min	Max	Media	Mediana	Moda
17.1000	18.8000	17.7800	17.8000	#N/D
21.8000	24.1000	23.3400	23.5000	#N/D
19.0000	20.8500	20.1100	20.3000	20.3000
19.0455	20.5333	20.1760	20.4917	#N/D
18.8000	21.2000	19.8600	20.1000	#N/D
-0.0897	0.9484	0.3804	0.3660	#N/D
-0.7271	0.8916	0.0307	-0.1859	#N/D
1.7200	3.0867	2.1239	1.8954	#N/D
1.3115	1.7569	1.4483	1.3767	#N/D
0.0659	0.0857	0.0717	0.0689	#N/D

INDICI DI FORMA

Asimmetria	Curtosi
0.7225	-0.0789
-1.5453	2.5629
-1.2547	2.6157
-2.1001	4.4550
0.2809	-1.1214
0.4681	0.0203
0.3583	-2.3833
1.8316	3.3983
1.7419	3.0427
1.9119	3.8026

INDICI DI VARIABILITA'

Varianza	Deviazione Standard
0.3776	0.6145
0.6824	0.8261
0.3704	0.6086
0.3280	0.5727
0.7664	0.8754
0.1251	0.3536
0.3875	0.6225
0.2516	0.5016
0.0264	0.1624
0.0001	0.0072

Figura 4 Indicatori temperatura (°C) rispetto ai piani

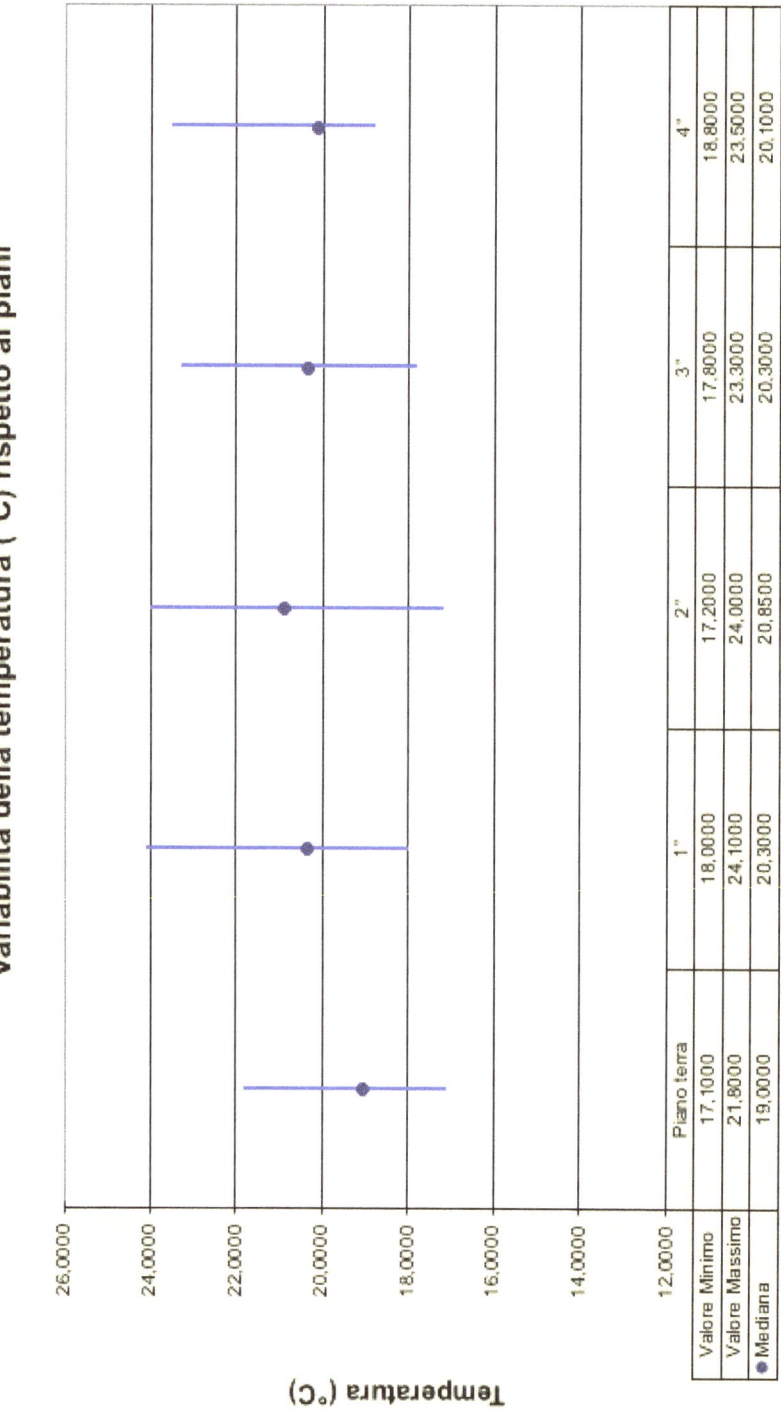

Figura 5

2) Come varia la temperatura entro ciascuna ala e tra le ali (**fig.6** e **fig.7**).

3) Come varia la temperatura entro il tempo di rilevazione e quindi tra i vari momenti di rilevazione (**fig.8** e **fig.9**).

4) Come varia la temperatura entro l'orientamento delle stanze e tra l'orientamento delle stanze (**fig.10** e **fig.11**).

5) Come varia la temperatura entro le aree dei piani in cui si trovano le stanze e tra le aree dei piani (**fig.12** e **fig.13**).

6) Come varia il numero degli elementi dei radiatori entro i piani e tra i piani (**fig.14**

7) e **fig.15**).

8) Come varia il numero degli elementi dei radiatori entro ciascuna ala e tra le ali (**fig.16** e **fig.17**).

9) Come varia il numero degli elementi dei radiatori entro l'orientamento delle stanze e tra l'orientamento delle stanze (**fig.18** e **fig.19**).

10)   Come varia la temperatura entro le aree dei piani in cui si trovano le stanze e tra le aree dei piani (**fig.20** e **fig.21**).

11)   Come varia la regolazione dei radiatori entro i piani e tra i piani (**fig.22** e **fig.23**).

12)   Come varia la regolazione dei radiatori entro ciascuna ala e tra le ali (**fig.24** e **fig.25**).

13)   Come varia la regolazione dei radiatori entro il tempo di rilevazione e tra i vari momenti di rilevazione (**fig.26** e **fig.27**).

14)   Come varia la regolazione dei radiatori entro l'orientamento delle stanze e tra le stanze (**fig.28** e **fig.29**).

15)   Come varia la regolazione dei radiatori entro le aree dei piani in cui si trovano le stanze e tra le aree dei piani (**fig.30** e **fig.31**).

Indicatori temperatura (°C) Tra Ali

INDICI DI POSIZIONE

Min	Max	Media	Mediana	Moda
17.1000	17.2000	17.1500	17.1500	#N/D
21.2000	24.1000	22.6500	22.6500	#N/D
19.0000	20.8000	19.9000	19.9000	#N/D
19.0743	20.7155	19.8949	19.8949	#N/D
19.0000	21.2000	20.1000	20.1000	#N/D
0.0921	0.1303	0.1112	0.1112	#N/D
-0.9263	0.0968	-0.4148	-0.4148	#N/D
1.2803	2.1079	1.6941	1.6941	#N/D
1.1315	1.4519	1.2917	1.2917	#N/D
0.0593	0.0701	0.0647	0.0647	#N/D

INDICI DI FORMA

Asimmetria	Curtosi
#DIV/0!	#DIV/0!
#DIV/0!	#DIV/0!
#DIV/0!	#DIV/0!
#DIV/0!	#DIV/0!
#DIV/0!	#DIV/0!
#DIV/0!	#DIV/0!
#DIV/0!	#DIV/0!
#DIV/0!	#DIV/0!
#DIV/0!	#DIV/0!
#DIV/0!	#DIV/0!

INDICI DI VARIABILITA'

Varianza	Deviazione Standard
0.0025	0.0500
2.1025	1.4500
0.8100	0.9000
0.6734	0.8206
1.2100	1.1000
0.0004	0.0191
0.2617	0.5115
0.1712	0.4138
0.0257	0.1602
0.0000	0.0054

Indicatore temperatura (°C) Entro Ali

INDICI DI POSIZIONE

		Ala centrale	Ala laterale
Valore Minimo	X_{MIN}	17.1000	17.2000
Valore Massimo	X_{MAX}	24.1000	21.2000
Mediana	$\overline{X}_{0.5}$	20.8000	19.0000
Media Campionaria	$\overline{X}$	20.7155	19.0743
Moda Statistica	$\overline{X}_{M}$	21.2000	19.0000

INDICI DI FORMA

Asimmetria	β_3	0.0921	0.1303
Curtosi	β_4	0.0968	-0.9263

INDICI DI VARIABILITA'

Varianza Campionaria	s^2	2.1079	1.2803
Deviazione Standard (e.s.)	s	1.4519	1.1315
Coefficiente di Variazione	C.V.	0.0701	0.0593

Figura 6 Indicatori temperatura (°C) rispetto alle ali

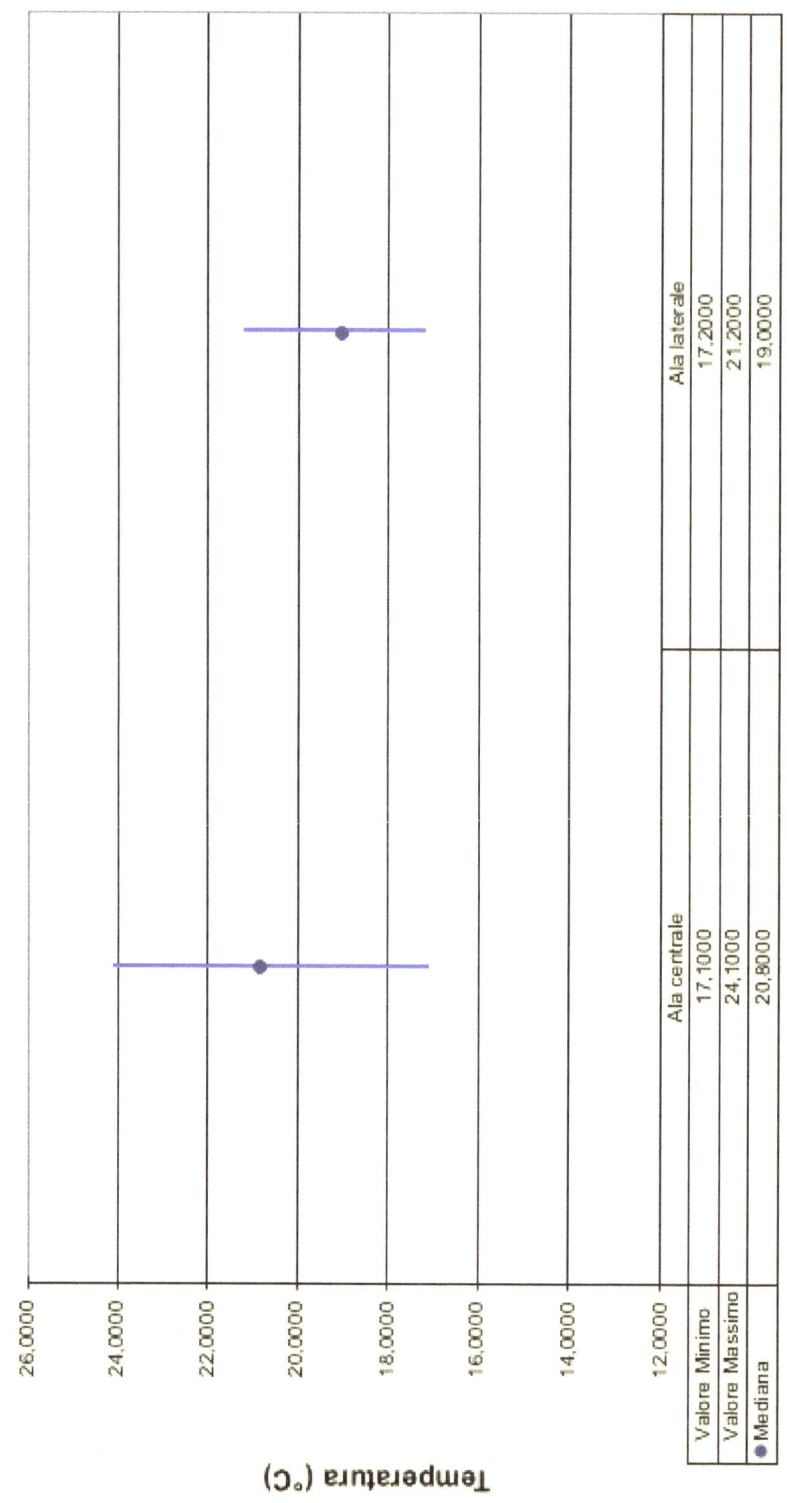

Figura 7

Indicatori temperatura (°C) Entro Tempo

INDICI DI POSIZIONE		Dic	Gen
Valore Minimo	X_{MIN}	17.2000	17.1000
Valore Massimo	X_{MAX}	24.0000	24.1000
Mediana	$\bar{X}_{0.5}$	19.9500	20.3000
Media Campionaria	$\bar{X}$	19.9026	20.4888
Moda Statistica	$\bar{X}_M$	19.0000	20.1000

INDICI DI FORMA		Dic	Gen
Asimmetria	β_3	0.3365	0.1578
Curtosi	β_4	-0.4396	0.4047

INDICI DI VARIABILITA'		Dic	Gen
Varianza Campionaria	s^2	2.4351	2.2669
Deviazione Standard (e.s.)	s	1.5605	1.5056
Coefficiente di Variazione	C.V.	0.0784	0.0735

Indicatori temperatura (°C) Tra Tempo

INDICI DI POSIZIONE

Min	Max	Media	Mediana	Moda
17.1000	17.2000	17.1500	17.1500	#N/D
24.0000	24.1000	24.0500	24.0500	#N/D
19.9500	20.3000	20.1250	20.1250	#N/D
19.9026	20.4888	20.1957	20.1957	#N/D
19.0000	20.1000	19.5500	19.5500	#N/D

Min	Max	Media	Mediana	Moda
0.1578	0.3365	0.2472	0.2472	#N/D
-0.4396	0.4047	-0.0174	-0.0174	#N/D

Min	Max	Media	Mediana	Moda
2.2669	2.4351	2.3510	2.3510	#N/D
1.5056	1.5605	1.5331	1.5331	#N/D
0.0735	0.0784	0.0759	0.0759	#N/D

INDICI DI FORMA

Asimmetria	Curtosi
#DIV/0!	#DIV/0!
#DIV/0!	#DIV/0!
#DIV/0!	#DIV/0!
#DIV/0!	#DIV/0!
#DIV/0!	#DIV/0!

Asimmetria	Curtosi
#DIV/0!	#DIV/0!
#DIV/0!	#DIV/0!

Asimmetria	Curtosi
#DIV/0!	#DIV/0!
#DIV/0!	#DIV/0!
#DIV/0!	#DIV/0!

INDICI DI VARIABILITA'

Varianza	Deviazione Standard
0.0025	0.0500
0.0025	0.0500
0.0306	0.1750
0.0859	0.2931
0.3025	0.5500

Varianza	Deviazione Standard
0.0080	0.0893
0.1782	0.4222

Varianza	Deviazione Standard
0.0071	0.0841
0.0008	0.0274
0.0000	0.0025

Figura 8 Indicatori temperatura (°C) rispetto al tempo

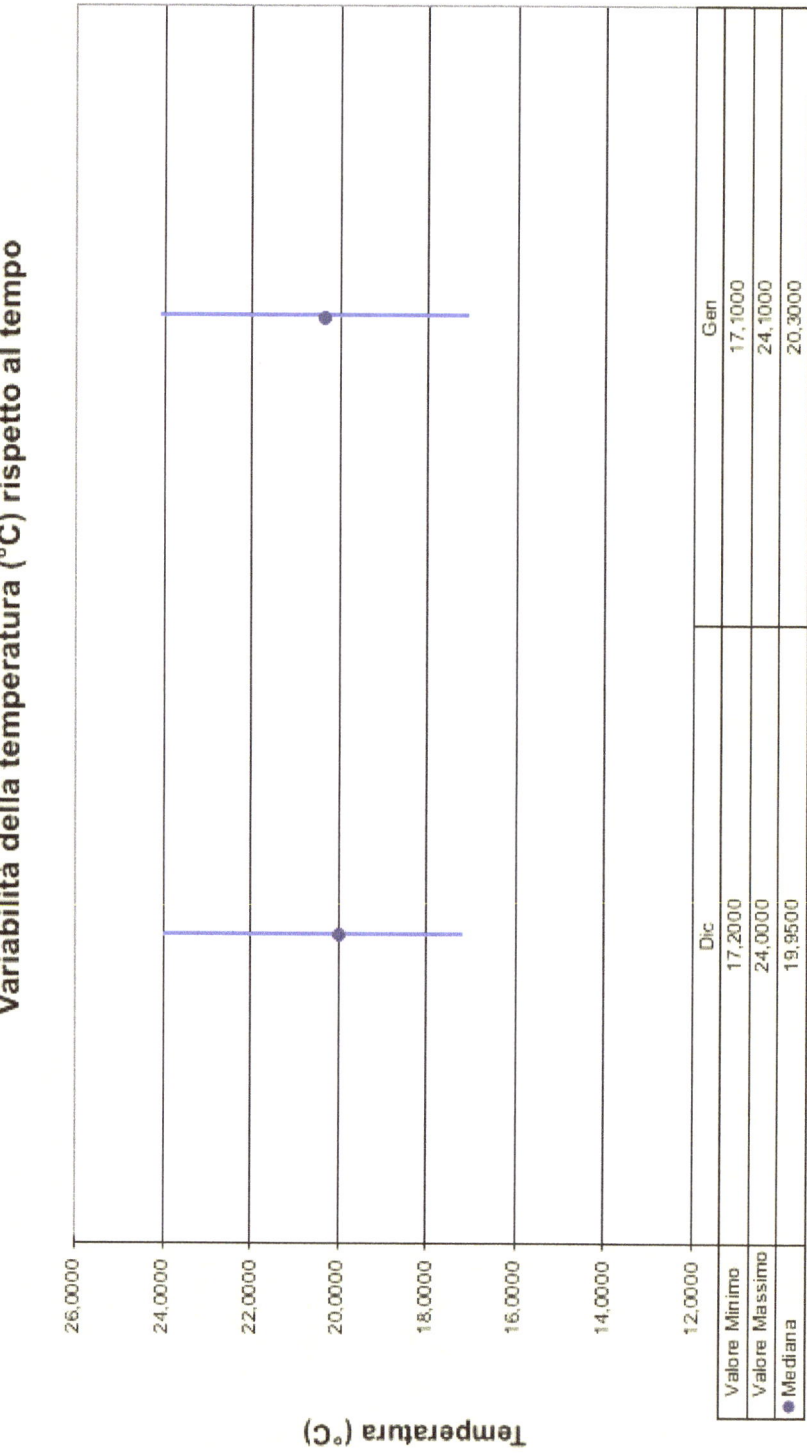

Figura 9

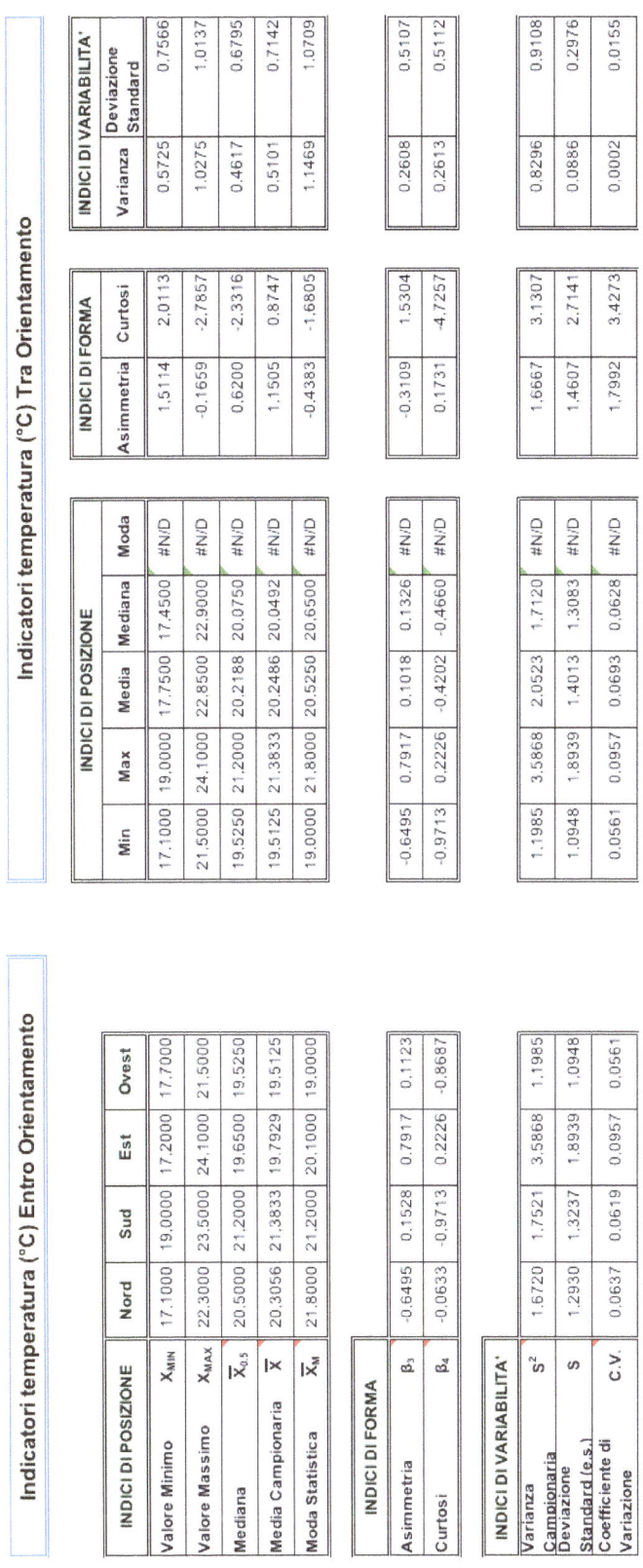

Indicatori temperatura (°C) Tra Orientamento

INDICI DI POSIZIONE

Min	Max	Media	Mediana	Moda
17.1000	19.0000	17.7500	17.4500	#N/D
21.5000	24.1000	22.8500	22.9000	#N/D
19.5250	21.2000	20.2188	20.0750	#N/D
19.5125	21.3833	20.2486	20.0492	#N/D
19.0000	21.8000	20.5250	20.6500	#N/D

Min	Max	Media	Mediana	Moda
-0.6495	0.7917	0.1018	0.1326	#N/D
-0.9713	0.2226	-0.4202	-0.4660	#N/D

Min	Max	Media	Mediana	Moda
1.1985	3.5868	2.0523	1.7120	#N/D
1.0948	1.8939	1.4013	1.3083	#N/D
0.0561	0.0957	0.0693	0.0628	#N/D

INDICI DI FORMA

Asimmetria	Curtosi
1.5114	2.0113
-0.1659	-2.7857
0.6200	-2.3316
1.1505	0.8747
-0.4383	-1.6805

Asimmetria	Curtosi
-0.3109	1.5304
0.1731	-4.7257

Asimmetria	Curtosi
1.6667	3.1307
1.4607	2.7141
1.7992	3.4273

INDICI DI VARIABILITA'

Varianza	Deviazione Standard
0.5725	0.7566
1.0275	1.0137
0.4617	0.6795
0.5101	0.7142
1.1469	1.0709

Varianza	Deviazione Standard
0.2608	0.5107
0.2613	0.5112

Varianza	Deviazione Standard
0.8296	0.9108
0.0886	0.2976
0.0002	0.0155

Indicatori temperatura (°C) Entro Orientamento

INDICI DI POSIZIONE		Nord	Sud	Est	Ovest
Valore Minimo	X_{MIN}	17.1000	19.0000	17.2000	17.7000
Valore Massimo	X_{MAX}	22.3000	23.5000	24.1000	21.5000
Mediana	$\overline{X}_{0.5}$	20.5000	21.2000	19.6500	19.5250
Media Campionaria	$\overline{X}$	20.3056	21.3833	19.7929	19.5125
Moda Statistica	$\overline{X}_{M}$	21.8000	21.2000	20.1000	19.0000

INDICI DI FORMA		Nord	Sud	Est	Ovest
Asimmetria	β_3	-0.6495	0.1528	0.7917	0.1123
Curtosi	β_4	-0.0633	-0.9713	0.2226	-0.8687

INDICI DI VARIABILITA'		Nord	Sud	Est	Ovest
Varianza Campionaria	s^2	1.6720	1.7521	3.5868	1.1985
Deviazione Standard (e.s.)	s	1.2930	1.3237	1.8939	1.0948
Coefficiente di Variazione	C.V.	0.0637	0.0619	0.0957	0.0561

Figura 10 Indicatori temperatura (°C) risp. orientamento

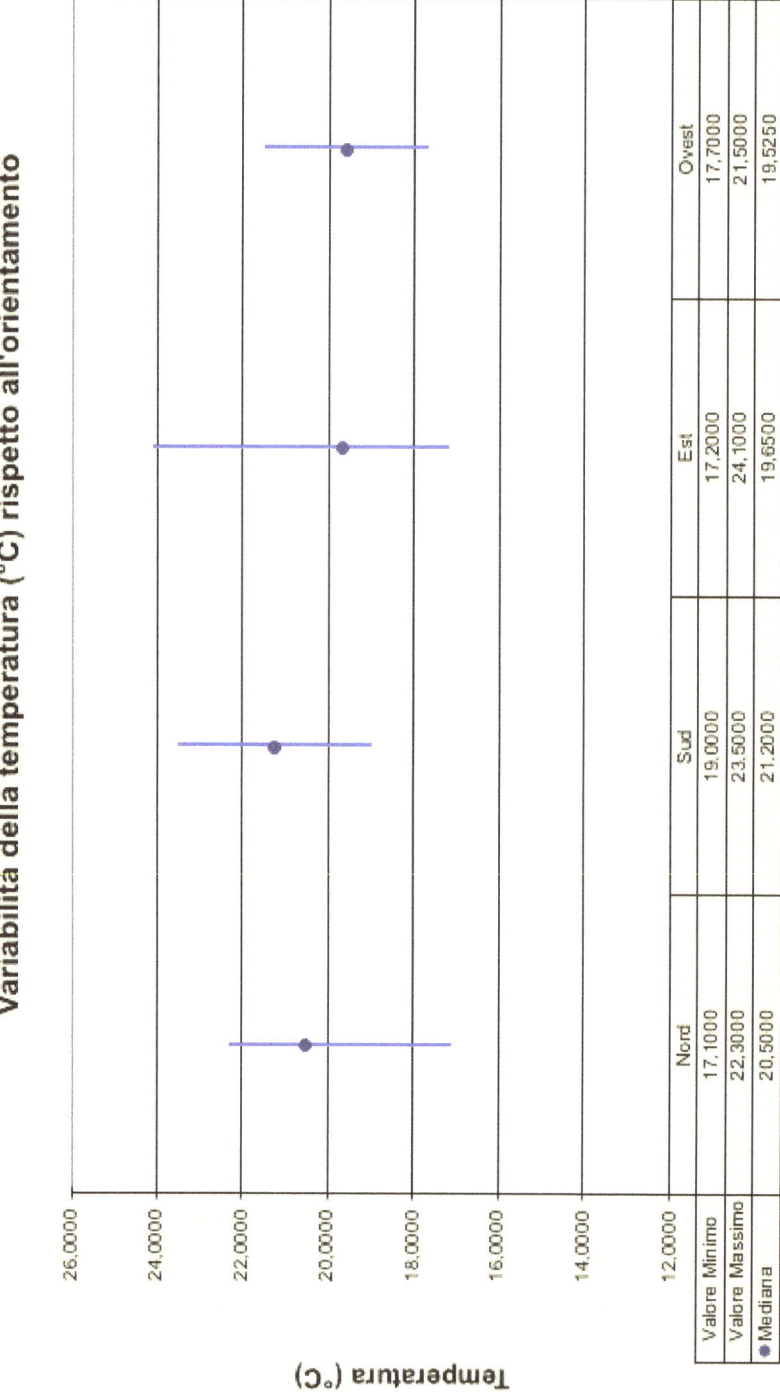

Figura 11

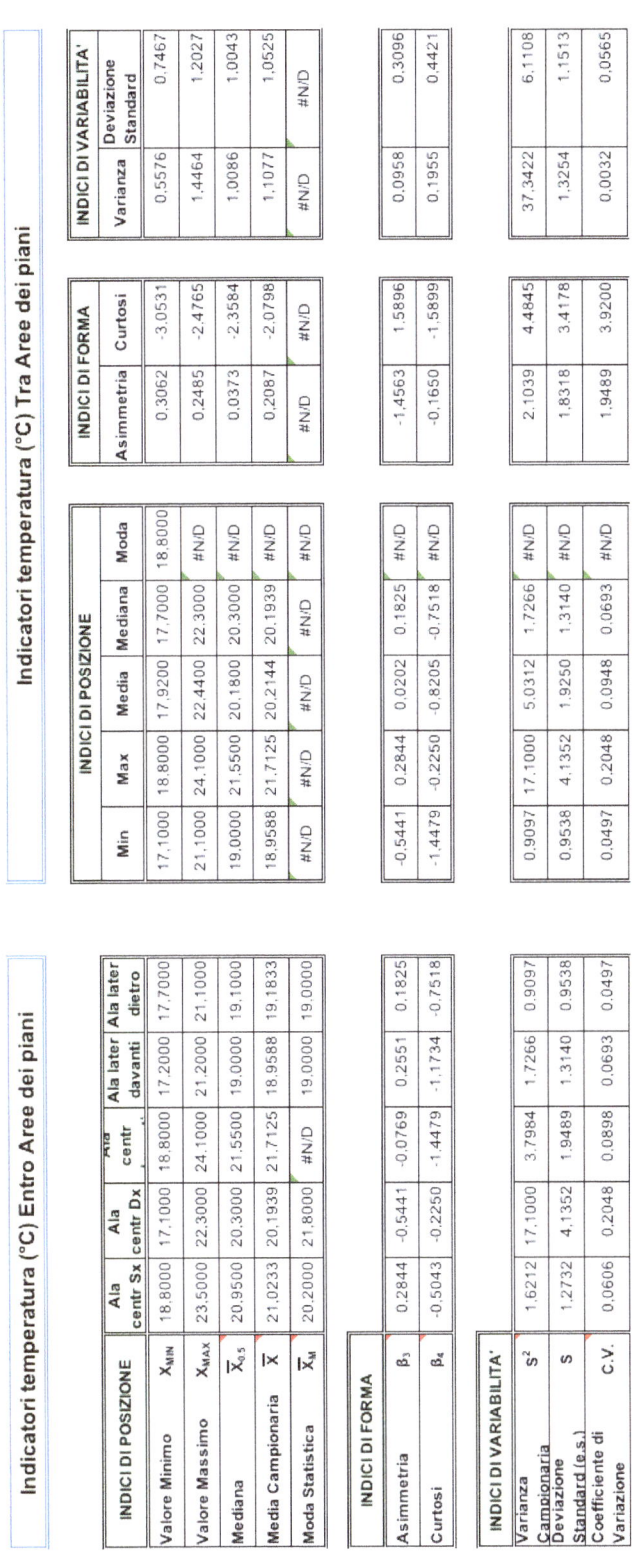

Figura 12 Indicatori temperatura (°C) rispetto area piani

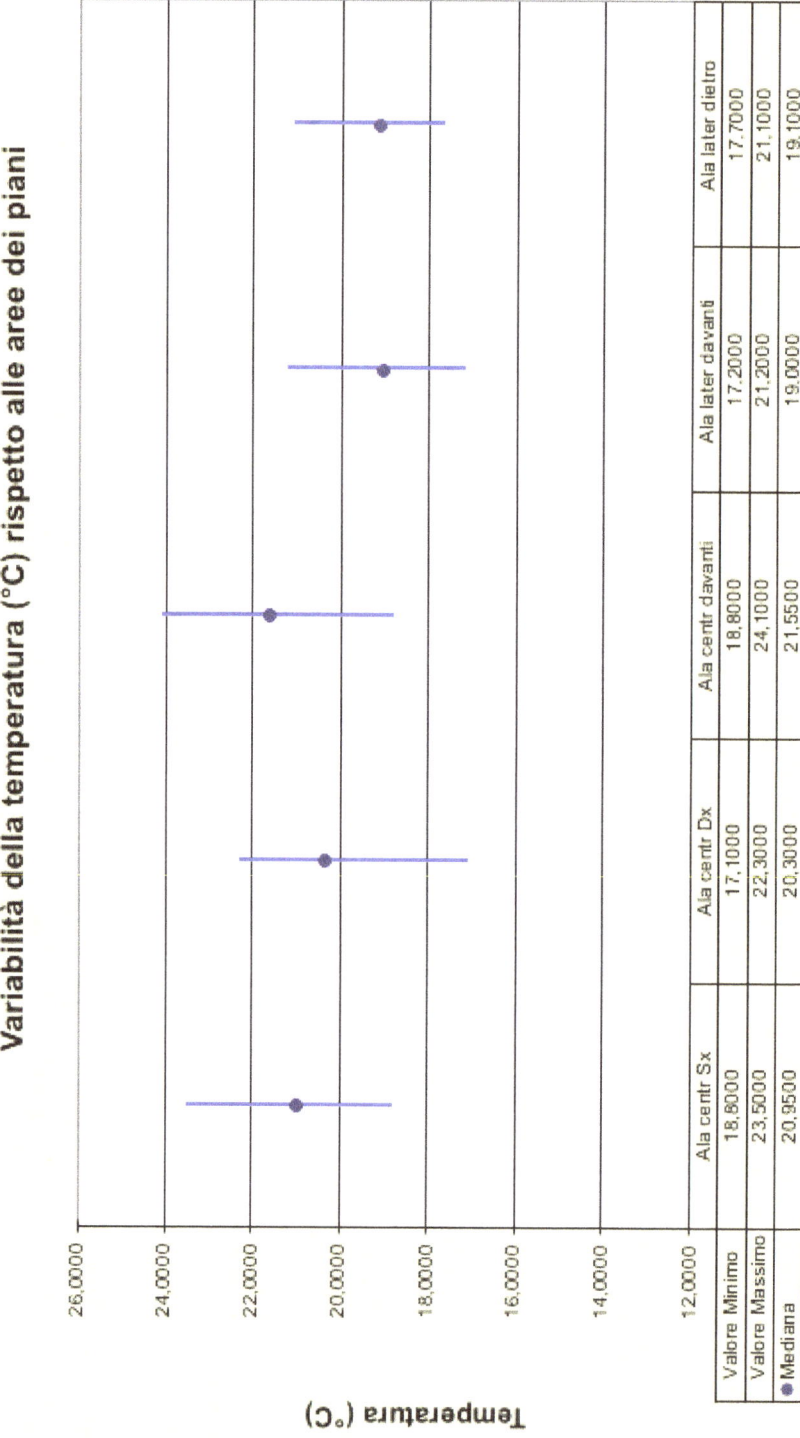

Figura 13

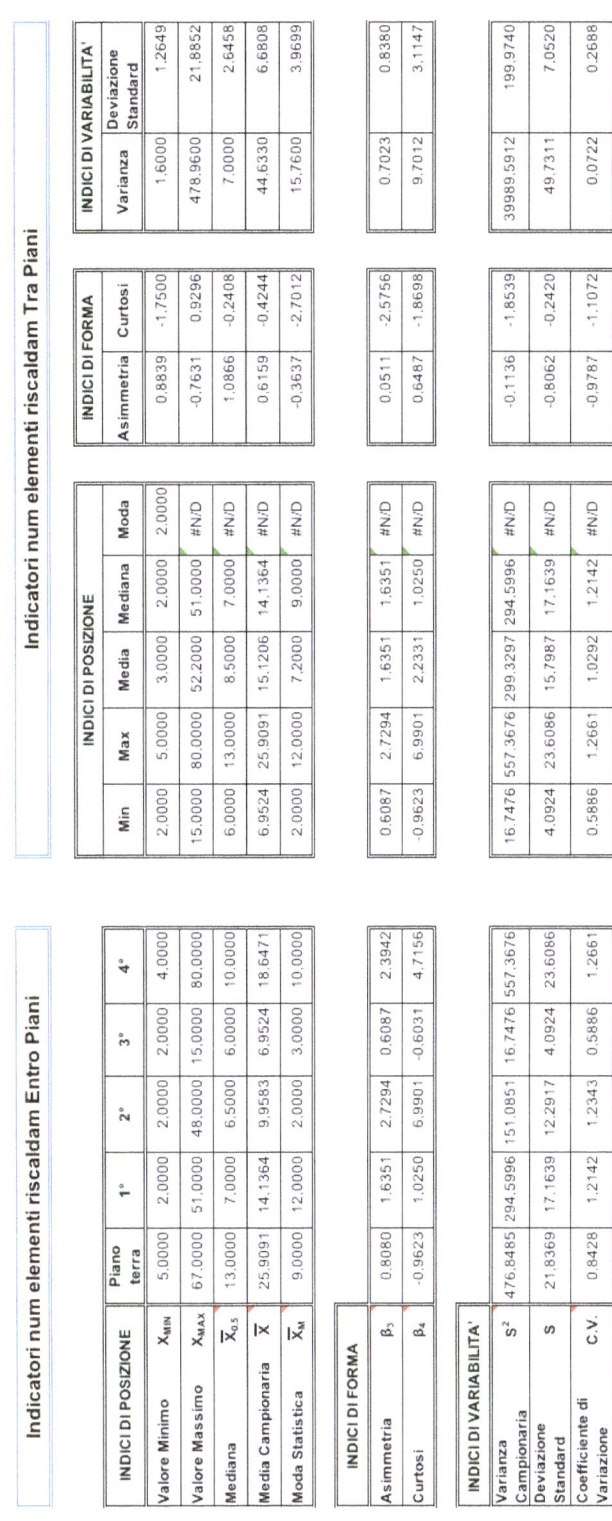

Indicatori num elementi riscaldam Tra Piani

	INDICI DI POSIZIONE					INDICI DI FORMA		INDICI DI VARIABILITA'	
	Min	Max	Media	Mediana	Moda	Asimmetria	Curtosi	Varianza	Deviazione Standard
	2.0000	5.0000	3.0000	2.0000	2.0000	0.8839	-1.7500	1.6000	1.2649
	15.0000	80.0000	52.2000	51.0000	#N/D	-0.7631	0.9296	478.9600	21.8852
	6.0000	13.0000	8.5000	7.0000	#N/D	1.0866	-0.2408	7.0000	2.6458
	6.9524	25.9091	15.1206	14.1364	#N/D	0.6159	-0.4244	44.6330	6.6808
	2.0000	12.0000	7.2000	9.0000	#N/D	-0.3637	-2.7012	15.7600	3.9699

	Min	Max	Media	Mediana	Moda	Asimmetria	Curtosi	Varianza	Deviazione Standard
	0.6087	2.7294	1.6351	1.6351	#N/D	0.0511	-2.5756	0.7023	0.8380
	-0.9623	6.9901	2.2331	1.0250	#N/D	0.6487	-1.8698	9.7012	3.1147

	Min	Max	Media	Mediana	Moda	Asimmetria	Curtosi	Varianza	Deviazione Standard
	16.7476	557.3676	299.3297	294.5996	#N/D	-0.1136	-1.8539	39989.5912	199.9740
	4.0924	23.6086	15.7987	17.1639	#N/D	-0.8062	-0.2420	49.7311	7.0520
	0.5886	1.2661	1.0292	1.2142	#N/D	-0.9787	-1.1072	0.0722	0.2688

Indicatori num elementi riscaldam Entro Piani

INDICI DI POSIZIONE		Piano terra	1°	2°	3°	4°
Valore Minimo	X_{MIN}	5.0000	2.0000	2.0000	2.0000	4.0000
Valore Massimo	X_{MAX}	67.0000	51.0000	48.0000	15.0000	80.0000
Mediana	$\overline{X}_{0.5}$	13.0000	7.0000	6.5000	6.0000	10.0000
Media Campionaria	$\overline{X}$	25.9091	14.1364	9.9583	6.9524	18.6471
Moda Statistica	$\overline{X}_{M}$	9.0000	12.0000	2.0000	3.0000	10.0000

INDICI DI FORMA		Piano terra	1°	2°	3°	4°
Asimmetria	β_3	0.8080	1.6351	2.7294	0.6087	2.3942
Curtosi	β_4	-0.9623	1.0250	6.9901	-0.6031	4.7156

INDICI DI VARIABILITA'		Piano terra	1°	2°	3°	4°
Varianza Campionaria	S^2	476.8485	294.5996	151.0851	16.7476	557.3676
Deviazione Standard	S	21.8369	17.1639	12.2917	4.0924	23.6086
Coefficiente di Variazione	C.V.	0.8428	1.2142	1.2343	0.5886	1.2661

Figura 14 Indicatori elementi dei radiatori rispetto piani

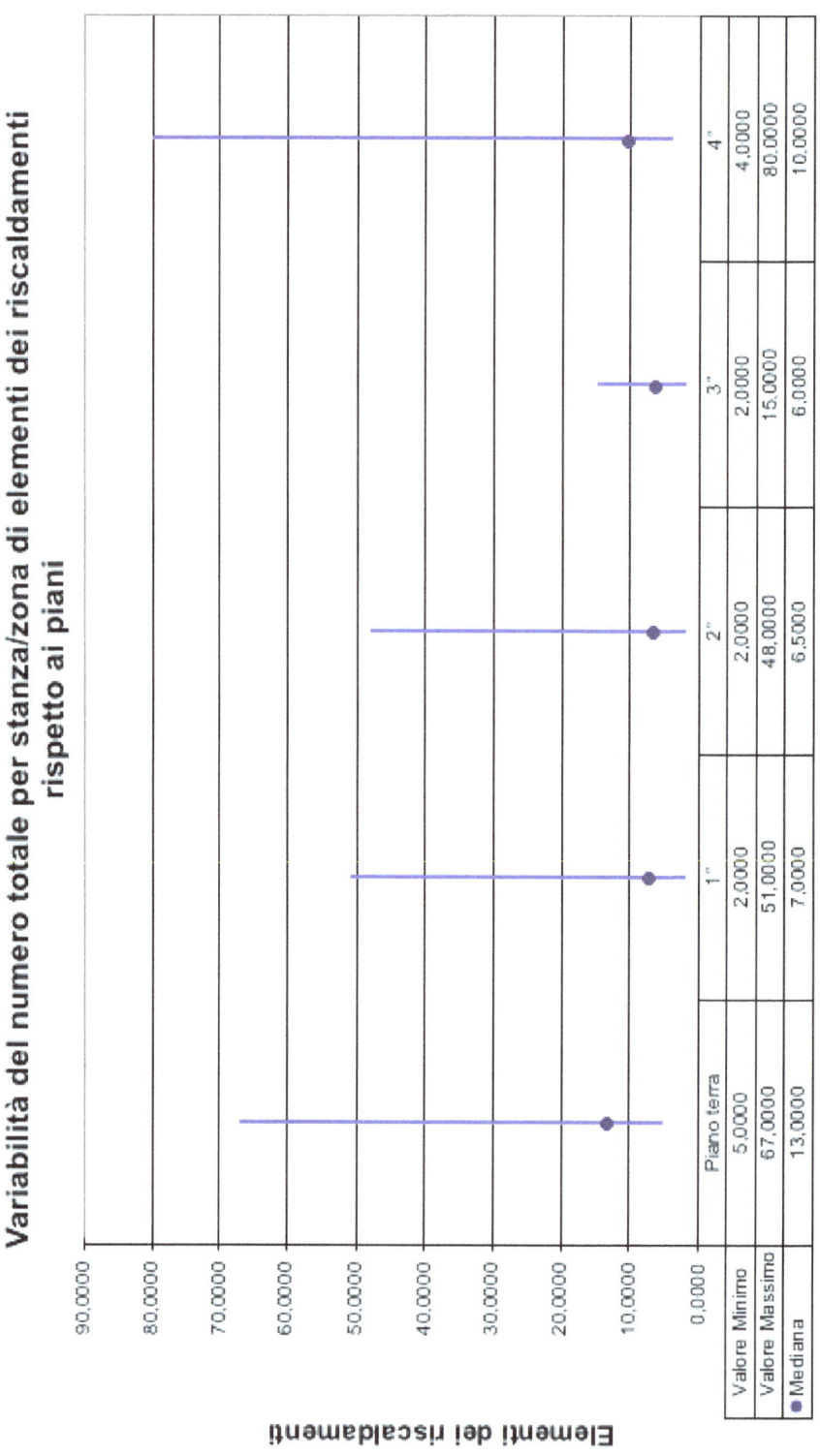

Figura 15

Indicatori num elementi riscaldam Tra Ali

INDICI DI POSIZIONE					INDICI DI FORMA		INDICI DI VARIABILITA'	
Min	Max	Media	Mediana	Moda	Asimmetria	Curtosi	Varianza	Deviazione Standard
2.0000	2.0000	2.0000	2.0000	2.0000	#DIV/0!	#DIV/0!	0.0000	0.0000
67.0000	80.0000	73.5000	73.5000	#N/D	#DIV/0!	#DIV/0!	42.2500	6.5000
7.0000	9.0000	8.0000	8.0000	#N/D	#DIV/0!	#DIV/0!	1.0000	1.0000
13.7429	15.5211	14.6320	14.6320	#N/D	#DIV/0!	#DIV/0!	0.7906	0.8891
2.0000	9.0000	5.5000	5.5000	#N/D	#DIV/0!	#DIV/0!	12.2500	3.5000

2.0852	2.2229	2.1541	2.1541	#N/D	#DIV/0!	#DIV/0!	0.0047	0.0689
3.8235	3.8511	3.8373	3.8373	#N/D	#DIV/0!	#DIV/0!	0.0002	0.0138

316.7388	338.6084	327.6736	327.6736	#N/D	#DIV/0!	#DIV/0!	119.5695	10.9348
17.7972	18.4013	18.0992	18.0992	#N/D	#DIV/0!	#DIV/0!	0.0913	0.3021
1.1466	1.3390	1.2428	1.2428	#N/D	#DIV/0!	#DIV/0!	0.0092	0.0962

Indicatori num elementi riscaldam Entro Ali

INDICI DI POSIZIONE		Ala centrale	Ala laterale
Valore Minimo	X_{MIN}	2.0000	2.0000
Valore Massimo	X_{MAX}	80.0000	67.0000
Mediana	$X_{0.5}$	9.0000	7.0000
Media Campionaria	$\bar{X}$	15.5211	13.7429
Moda Statistica	X_M	9.0000	2.0000

INDICI DI FORMA			
Asimmetria	β_3	2.0852	2.2229
Curtosi	β_4	3.8235	3.8511

INDICI DI VARIABILITA'			
Varianza Campionaria	s^2	316.7388	338.6084
Deviazione Standard	s	17.7972	18.4013
Coefficiente di Variazione	C.V.	1.1466	1.3390

Figura 16 Indicatori elementi radiatori rispetto alle ali

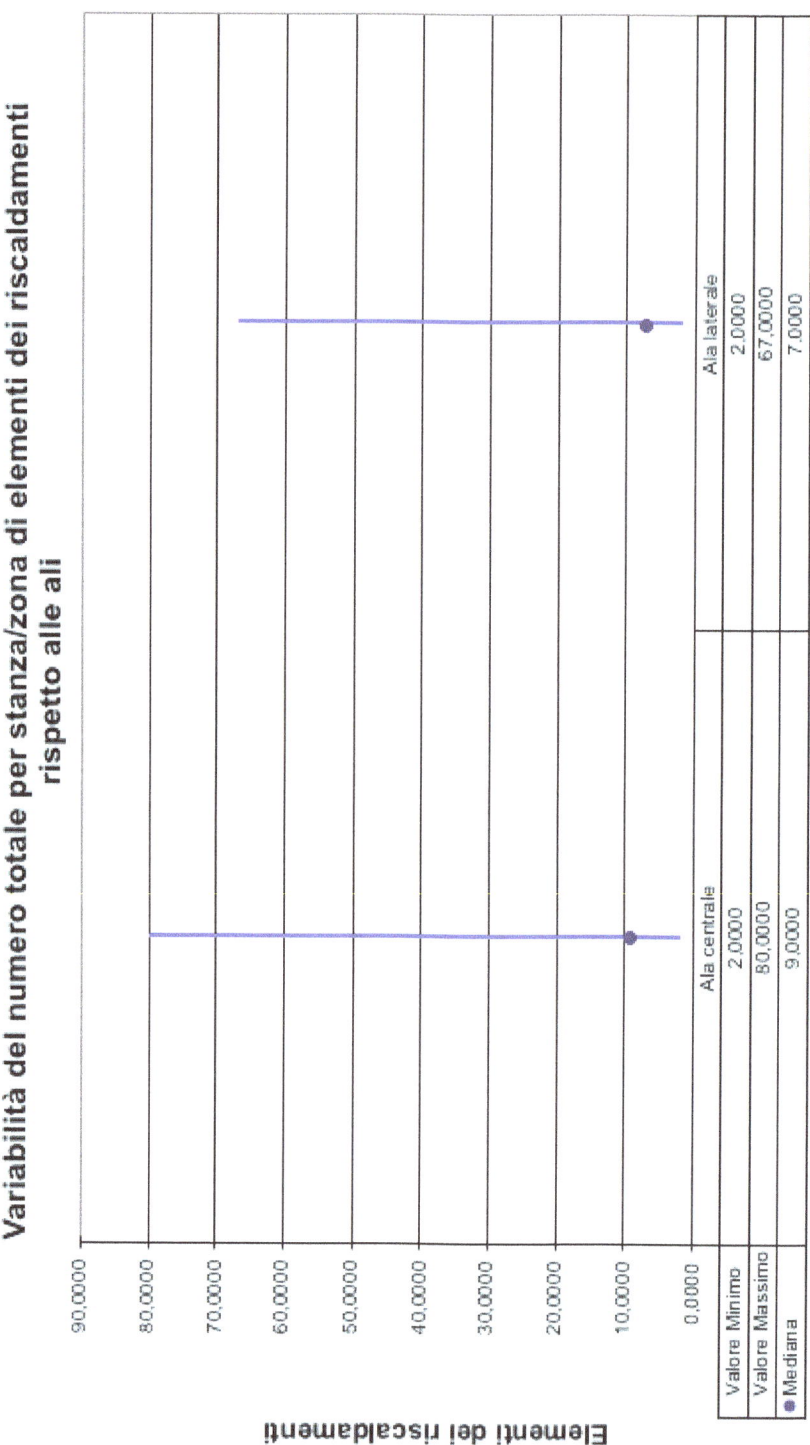

Figura 17

Indicatori num elem riscald Entro Orientamento

INDICI DI POSIZIONE		Nord	Sud	Est	Ovest
Valore Minimo	X_{MIN}	3.0000	2.0000	2.0000	2.0000
Valore Massimo	X_{MAX}	19.0000	51.0000	80.0000	67.0000
Mediana	$\overline{X}_{0.5}$	9.0000	9.0000	5.5000	11.0000
Media Campionaria	$\overline{X}$	8.9722	14.9444	22.4643	15.0833
Moda Statistica	$\overline{X}_M$	9.0000	3.0000	2.0000	6.0000

INDICI DI FORMA		Nord	Sud	Est	Ovest
Asimmetria	β_3	0.6376	1.4314	0.9498	2.6765
Curtosi	β_4	1.0754	0.4384	-0.5782	6.8639

INDICI DI VARIABILITA'		Nord	Sud	Est	Ovest
Varianza Campionaria	s^2	14.5992	298.9967	695.5172	283.3841
Deviazione Standard	s	3.8209	17.2915	26.3727	16.8340
Coefficiente di Variazione	C.V.	0.4259	1.1571	1.1740	1.1161

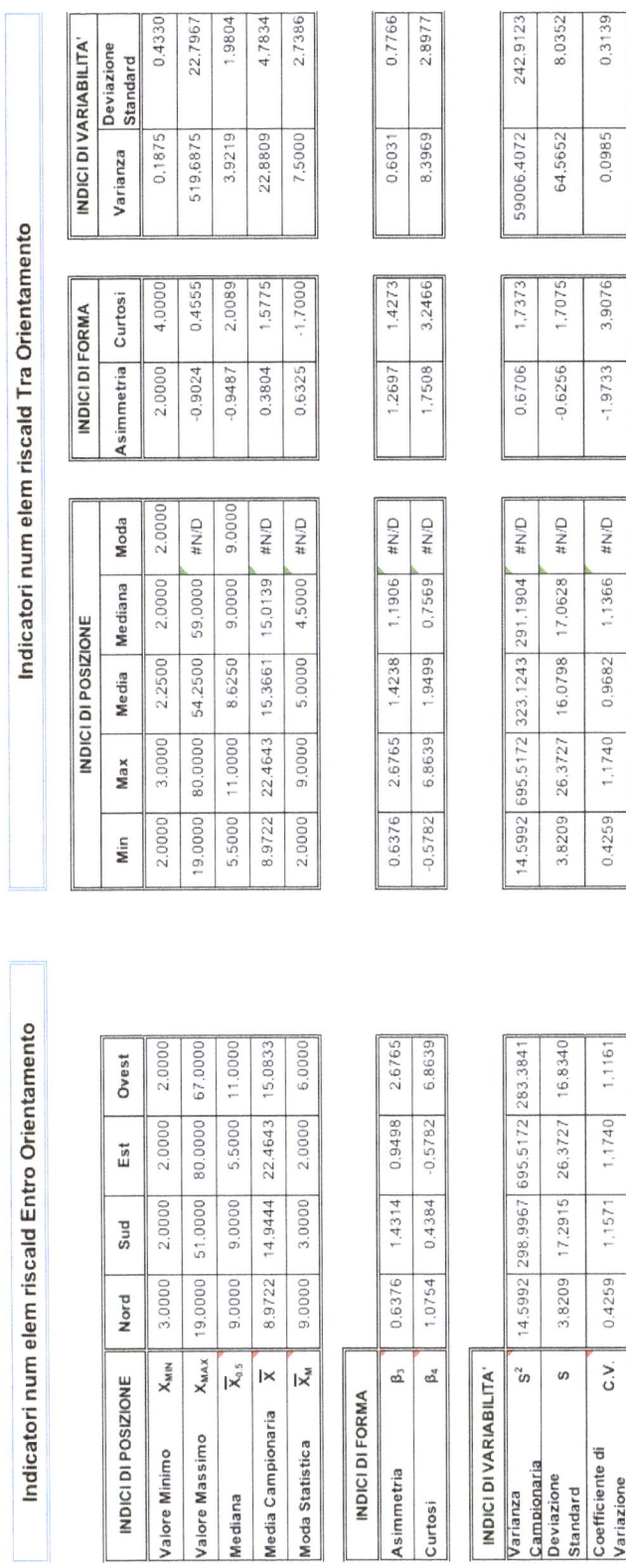

Indicatori num elem riscald Tra Orientamento

INDICI DI POSIZIONE

	Min	Max	Media	Mediana	Moda
	2.0000	3.0000	2.2500	2.0000	2.0000
	19.0000	80.0000	54.2500	59.0000	#N/D
	5.5000	11.0000	8.6250	9.0000	9.0000
	8.9722	22.4643	15.3661	15.0139	#N/D
	2.0000	9.0000	5.0000	4.5000	#N/D

	Min	Max	Media	Mediana	Moda
	0.6376	2.6765	1.4238	1.1906	#N/D
	-0.5782	6.8639	1.9499	0.7569	#N/D

	Min	Max	Media	Mediana	Moda
	14.5992	695.5172	323.1243	291.1904	#N/D
	3.8209	26.3727	16.0798	17.0628	#N/D
	0.4259	1.1740	0.9682	1.1366	#N/D

INDICI DI FORMA

	Asimmetria	Curtosi
	2.0000	4.0000
	-0.9924	0.4555
	-0.9487	2.0089
	0.3804	1.5775
	0.6325	-1.7000

	Asimmetria	Curtosi
	1.2697	1.4273
	1.7508	3.2466

	Asimmetria	Curtosi
	0.6706	1.7373
	-0.6256	1.7075
	-1.9733	3.9076

INDICI DI VARIABILITA'

	Varianza	Deviazione Standard
	0.1875	0.4330
	519.6875	22.7967
	3.9219	1.9804
	22.8809	4.7834
	7.5000	2.7386

	Varianza	Deviazione Standard
	0.6031	0.7766
	8.3969	2.8977

	Varianza	Deviazione Standard
	59006.4072	242.9123
	64.5652	8.0352
	0.0985	0.3139

Figura 18 Indicatori elem. radiatori risp. orientamento

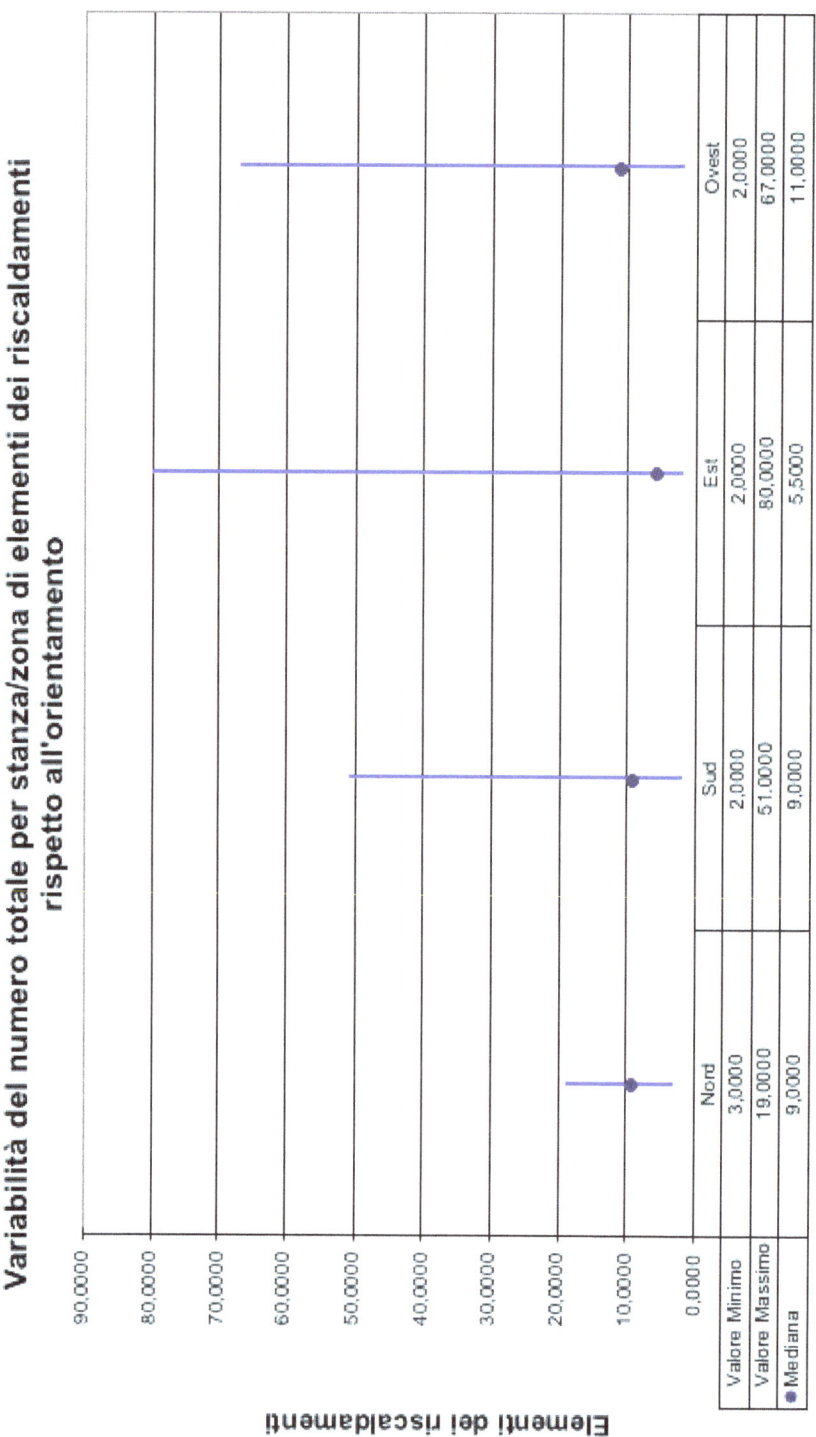

Figura 19

Indicatori num elem riscald Entro Aree dei piani

INDICI DI POSIZIONE		Ala centr Sx	Ala centr Dx	Ala centr davanti	Ala later davanti	Ala later dietro
Valore Minimo	X_{MIN}	2.0000	3.0000	46.0000	2.0000	2.0000
Valore Massimo	X_{MAX}	51.0000	19.0000	80.0000	57.0000	67.0000
Mediana	$\overline{X}_{0.5}$	9.0000	8.0000	47.5000	5.0000	12.0000
Media Campionaria	$\overline{X}$	12.7000	8.4545	55.2500	10.2941	17.0000
Moda Statistica	$\overline{X}_M$	9.0000	5.0000	46.0000	2.0000	15.0000

INDICI DI FORMA						
Asimmetria	β_3	2.0810	0.7289	1.4296	2.5537	2.2950
Curtosi	β_4	3.2675	0.4189	-0.0137	5.2531	4.5816

INDICI DI VARIABILITA'						
Varianza Campionaria	s^2	187.7345	3.0000	233.9286	312.4706	360.0000
Deviazione Standard	s	13.7016	1.7321	15.2947	17.6768	18.9737
Coefficiente di Variazione	C.V.	1.0789	0.2049	0.2768	1.7172	1.1161

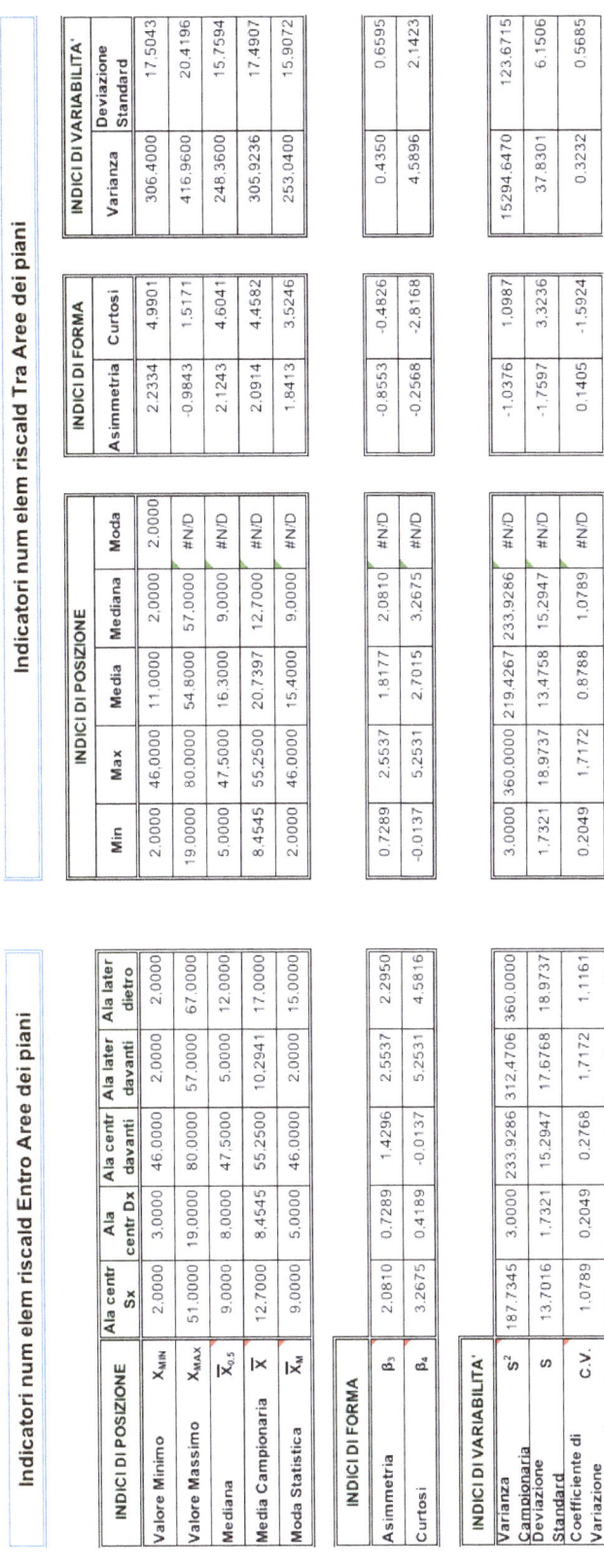

Indicatori num elem riscald Tra Aree dei piani

INDICI DI POSIZIONE					INDICI DI FORMA		INDICI DI VARIABILITA'	
Min	Max	Media	Mediana	Moda	Asimmetria	Curtosi	Varianza	Deviazione Standard
2.0000	46.0000	11.0000	2.0000	2.0000	2.2334	4.9901	306.4000	17.5043
19.0000	80.0000	54.8000	57.0000	#N/D	-0.9843	1.5171	416.9600	20.4196
5.0000	47.5000	16.3000	9.0000	#N/D	2.1243	4.6041	248.3600	15.7594
8.4545	55.2500	20.7397	12.7000	#N/D	2.0914	4.4582	305.9236	17.4907
2.0000	46.0000	15.4000	9.0000	#N/D	1.8413	3.5246	253.0400	15.9072

0.7289	2.5537	1.8177	2.0810	#N/D	-0.8553	-0.4826	0.4350	0.6595
-0.0137	5.2531	2.7015	3.2675	#N/D	-0.2568	-2.8168	4.5896	2.1423

3.0000	360.0000	219.4267	233.9286	#N/D	-1.0376	1.0987	15294.6470	123.6715
1.7321	18.9737	13.4758	15.2947	#N/D	-1.7597	3.3236	37.8301	6.1506
0.2049	1.7172	0.8788	1.0789	#N/D	0.1405	-1.5924	0.3232	0.5685

Figura 20 Indicatori elem. radiatori risp. aree piani

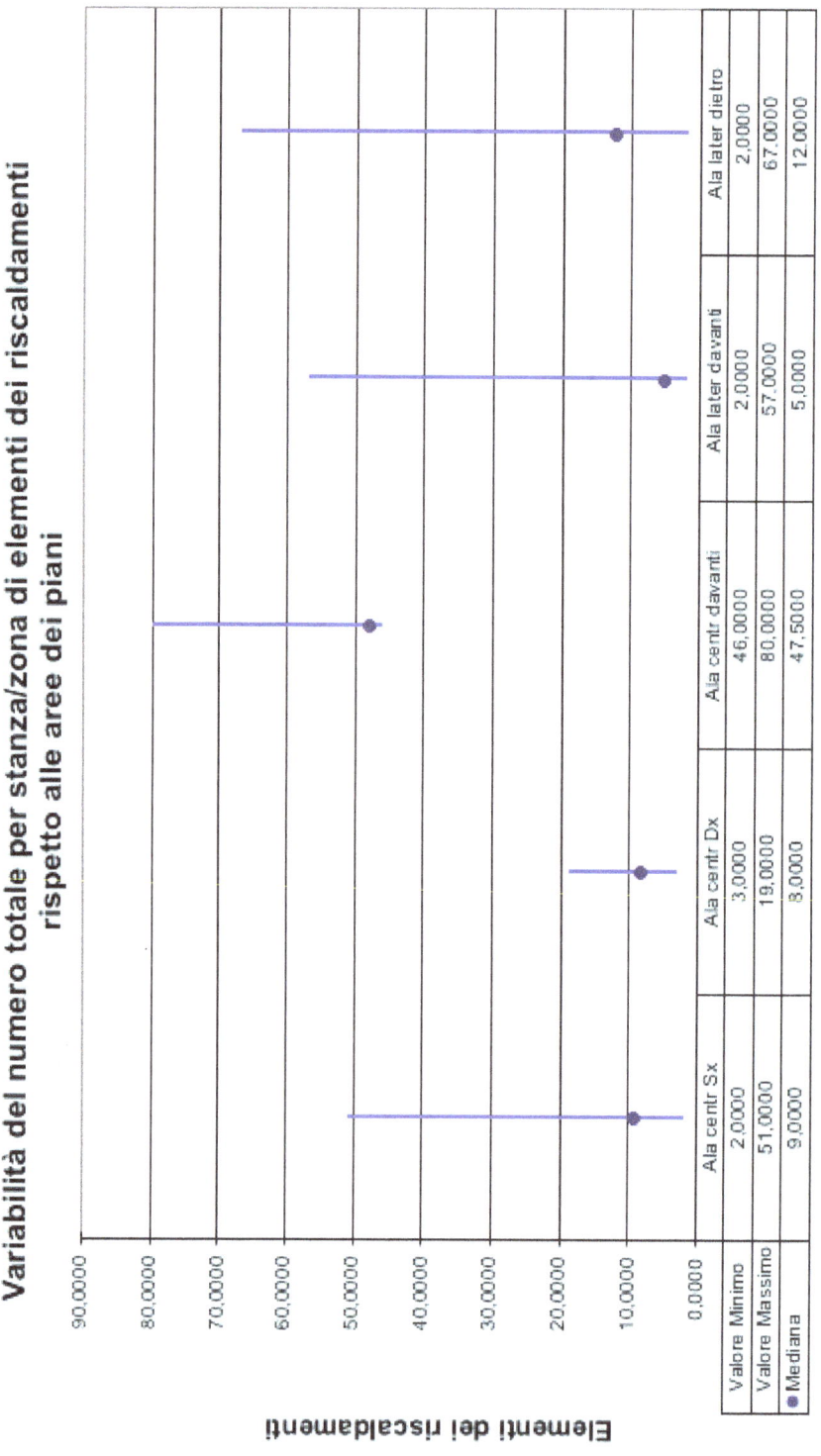

Figura 21

Indicatori regolazione riscaldamenti Tra Piani

	INDICI DI POSIZIONE					INDICI DI FORMA		INDICI DI VARIABILITA'	
	Min	Max	Media	Mediana	Moda	Asimmetria	Curtosi	Varianza	Deviazione Standard
	0.0000	3.0000	1.4000	1.0000	1.0000	0.4048	-0.1775	1.0400	1.0198
	5.0000	5.0000	5.0000	5.0000	5.0000	#DIV/0!	#DIV/0!	0.0000	0.0000
	2.2400	4.7050	3.5890	3.5000	3.5000	-0.5672	1.2619	0.6500	0.8062
	2.7441	4.1291	3.6328	3.7500	#N/D	-1.0793	0.6117	0.2611	0.5110
	3.0000	5.0000	4.2000	5.0000	5.0000	-0.6086	-3.3333	0.9600	0.9798

Min	Max	Media	Mediana	Moda	Asimmetria	Curtosi	Varianza	Deviazione Standard
-1.2740	0.2278	-0.3292	-0.1824	#N/D	-0.9481	-0.0388	0.3118	0.5583
-1.6791	0.7453	-0.6264	-1.0417	#N/D	0.4996	-2.6641	0.9616	0.9806

Min	Max	Media	Mediana	Moda	Asimmetria	Curtosi	Varianza	Deviazione Standard
0.7051	2.2882	1.3560	1.3244	#N/D	1.0449	1.8691	0.2764	0.5257
0.8397	1.5127	1.1434	1.1508	#N/D	0.5838	1.2408	0.0486	0.2204
0.2048	0.5513	0.3304	0.2865	#N/D	1.5505	2.9133	0.0139	0.1180

Indicatori regolazione riscaldamenti Entro Piani

INDICI DI POSIZIONE		Piano terra	1°	2°	3°	4°
Valore Minimo	X_{MIN}	0.0000	1.0000	3.0000	1.0000	2.0000
Valore Massimo	X_{MAX}	5.0000	5.0000	5.0000	5.0000	5.0000
Mediana	$\overline{X}_{0.5}$	2.2400	4.7050	4.0000	3.5000	3.5000
Media Campionaria	$\overline{X}$	2.7441	4.1291	4.1004	3.4405	3.7500
Moda Statistica	$\overline{X}_{M}$	5.0000	5.0000	5.0000	3.0000	3.0000

INDICI DI FORMA						
Asimmetria	β_3	0.2278	-1.2740	-0.1824	-0.5994	0.1819
Curtosi	β_4	-1.0417	0.7453	-1.6791	0.3277	-1.4840

INDICI DI VARIABILITA'						
Varianza Campionaria	S^2	2.2882	1.3998	0.7051	1.3244	1.0625
Deviazione Standard	S	1.5127	1.1831	0.8397	1.1508	1.0308
Coefficiente di Variazione	C.V.	0.5513	0.2865	0.2048	0.3345	0.2749

Figura 22 Indicatori regolazione radiatori risp. piani

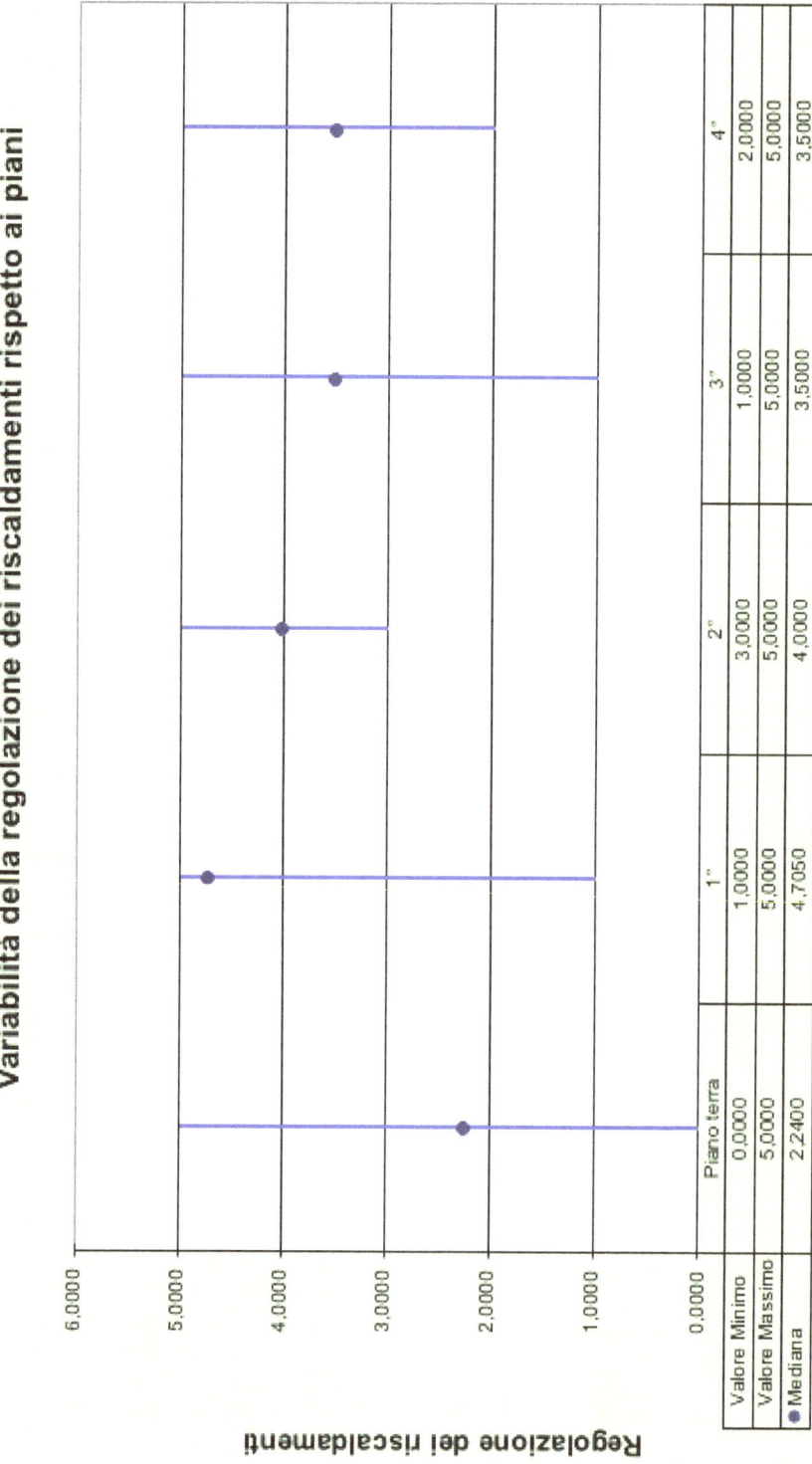

Figura 23

Indicatori regolazione riscaldamenti Tra Ali

INDICI DI POSIZIONE

Min	Max	Media	Mediana	Moda
0.0000	1.1900	0.5950	0.5950	#N/D
5.0000	5.0000	5.0000	5.0000	5.0000
3.5000	5.0000	4.2500	4.2500	#N/D
3.4694	3.9797	3.7246	3.7246	#N/D
3.0000	5.0000	4.0000	4.0000	#N/D

-0.8426	-0.6423	-0.7425	-0.7425	#N/D
-0.9514	0.2338	-0.3588	-0.3588	#N/D

1.4170	1.7915	1.6043	1.6043	#N/D
1.1904	1.3385	1.2644	1.2644	#N/D
0.3363	0.3431	0.3397	0.3397	#N/D

INDICI DI FORMA

Asimmetria	Curtosi
#DIV/0!	#DIV/0!
#DIV/0!	#DIV/0!
#DIV/0!	#DIV/0!
#DIV/0!	#DIV/0!
#DIV/0!	#DIV/0!

Asimmetria	Curtosi
#DIV/0!	#DIV/0!
#DIV/0!	#DIV/0!

Asimmetria	Curtosi
#DIV/0!	#DIV/0!
#DIV/0!	#DIV/0!
#DIV/0!	#DIV/0!

INDICI DI VARIABILITA'

Varianza	Deviazione Standard
0.3540	0.5950
0.0000	0.0000
0.5625	0.7500
0.0651	0.2551
1.0000	1.0000

Varianza	Deviazione Standard
0.0100	0.1001
0.3511	0.5926

Varianza	Deviazione Standard
0.0351	0.1873
0.0055	0.0741
0.0000	0.0034

Indicatori regolazione riscaldamenti Entro Ali

INDICI DI POSIZIONE

INDICI DI POSIZIONE		Ala centrale	Ala laterale
Valore Minimo	X_{MIN}	0.0000	1.1900
Valore Massimo	X_{MAX}	5.0000	5.0000
Mediana	$\overline{X}_{0,5}$	3.5000	5.0000
Media Campionaria	$\overline{X}$	3.4694	3.9797
Moda Statistica	$\overline{X}_M$	3.0000	5.0000

INDICI DI FORMA

INDICI DI FORMA			
Asimmetria	β_3	-0.6423	-0.8426
Curtosi	β_4	0.2338	-0.9514

INDICI DI VARIABILITA'

INDICI DI VARIABILITA'			
Varianza Campionaria	s^2	1.4170	1.7915
Deviazione Standard	s	1.1904	1.3385
Coefficiente di Variazione	C.V.	0.3431	0.3363

Figura 24 Indicatori regolazione radiatori rispetto ali

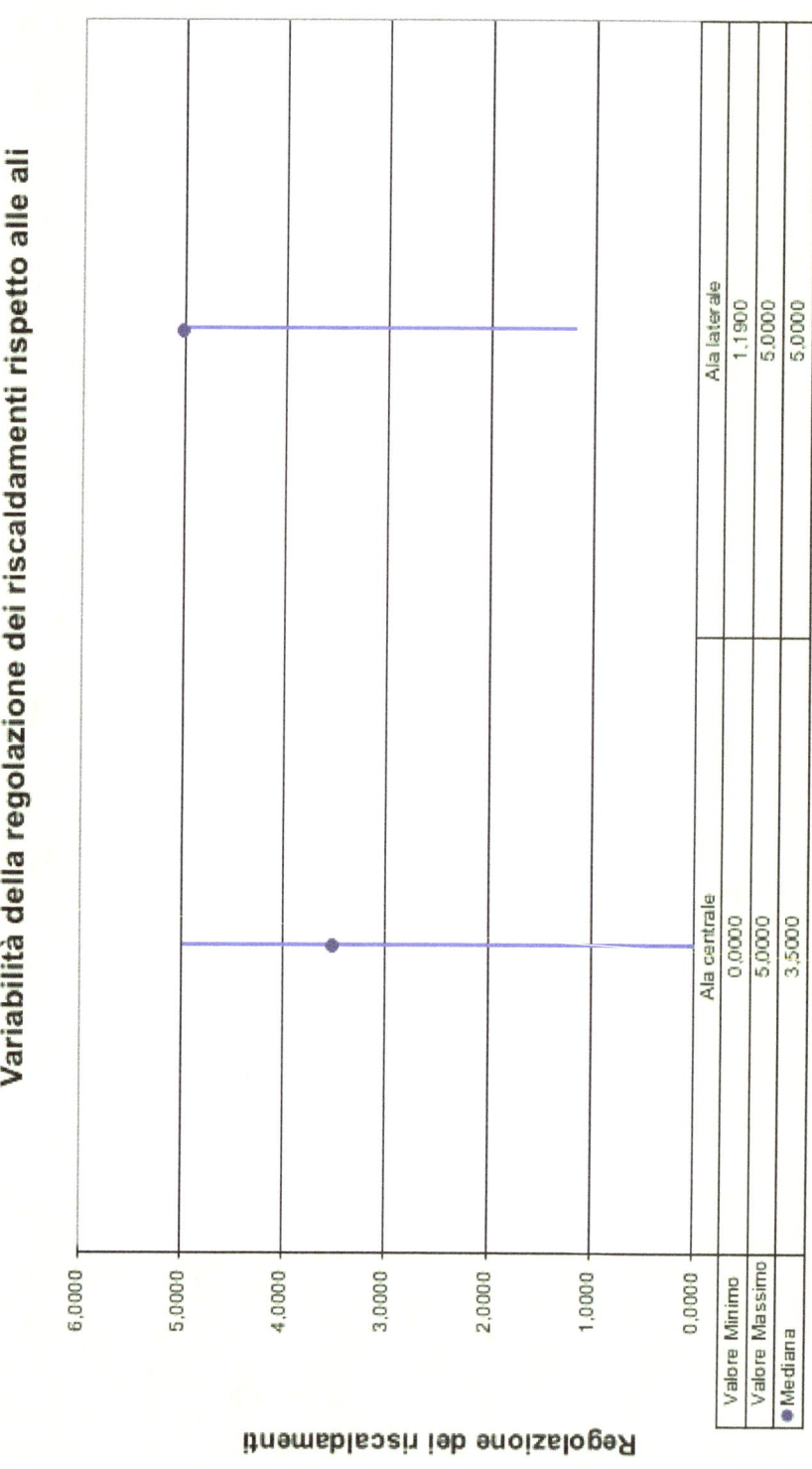

Figura 25

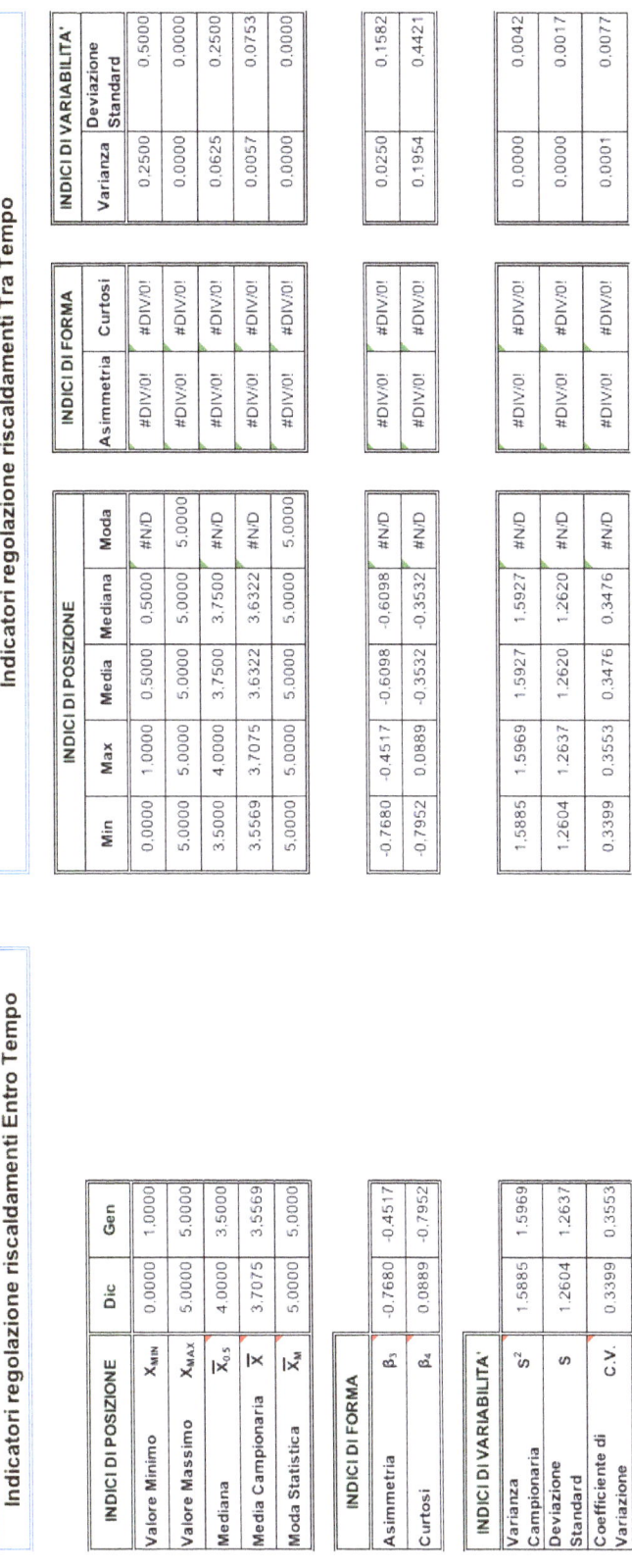

Figura 26 Indicatori regolazione radiatori risp. tempo

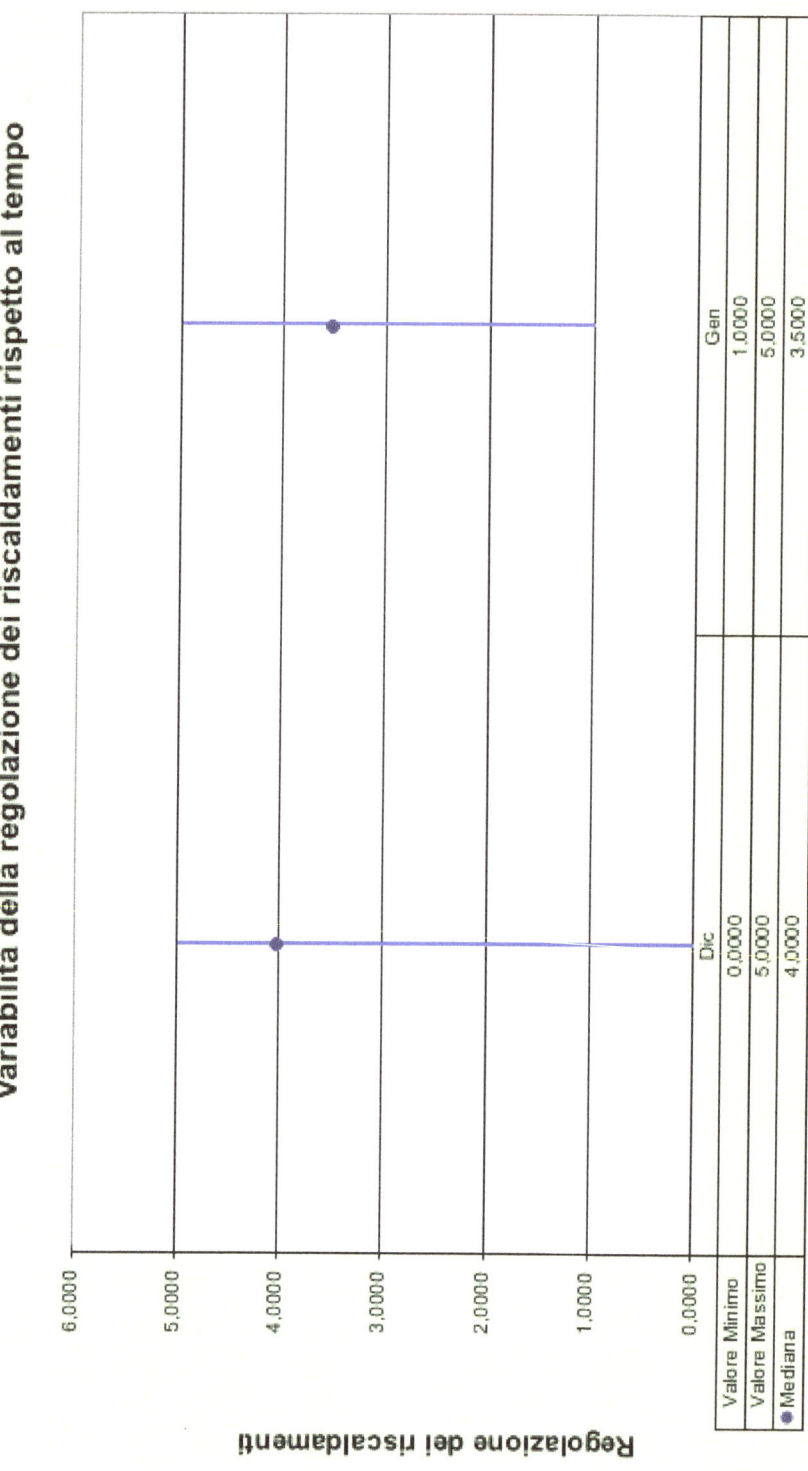

Figura 27

Indicatori regolaz riscaldam Entro Orientamento

INDICI DI POSIZIONE		Nord	Sud	Est	Ovest
Valore Minimo	X_{MIN}	0.0000	2.0000	1.0000	1.1900
Valore Massimo	X_{MAX}	5.0000	5.0000	5.0000	5.0000
Mediana	$\overline{X}_{0,5}$	3.5000	4.1900	4.8700	3.0000
Media Campionaria	$\overline{X}$	3.2917	4.0906	3.9707	3.4296
Moda Statistica	$\overline{X}_M$	3.0000	5.0000	5.0000	5.0000

INDICI DI FORMA		Nord	Sud	Est	Ovest
Asimmetria	β_3	-0.9002	-0.6112	-0.8084	-0.0441
Curtosi	β_4	0.5184	-0.8970	-0.7301	-1.3911

INDICI DI VARIABILITA'		Nord	Sud	Est	Ovest
Varianza Campionaria	s^2	1.5625	0.9741	1.5978	1.7249
Deviazione Standard	s	1.2500	0.9870	1.2640	1.3133
Coefficiente di Variazione	C.V.	0.3797	0.2413	0.3183	0.3829

Indicatori regolaz riscaldam Tra Orientamento

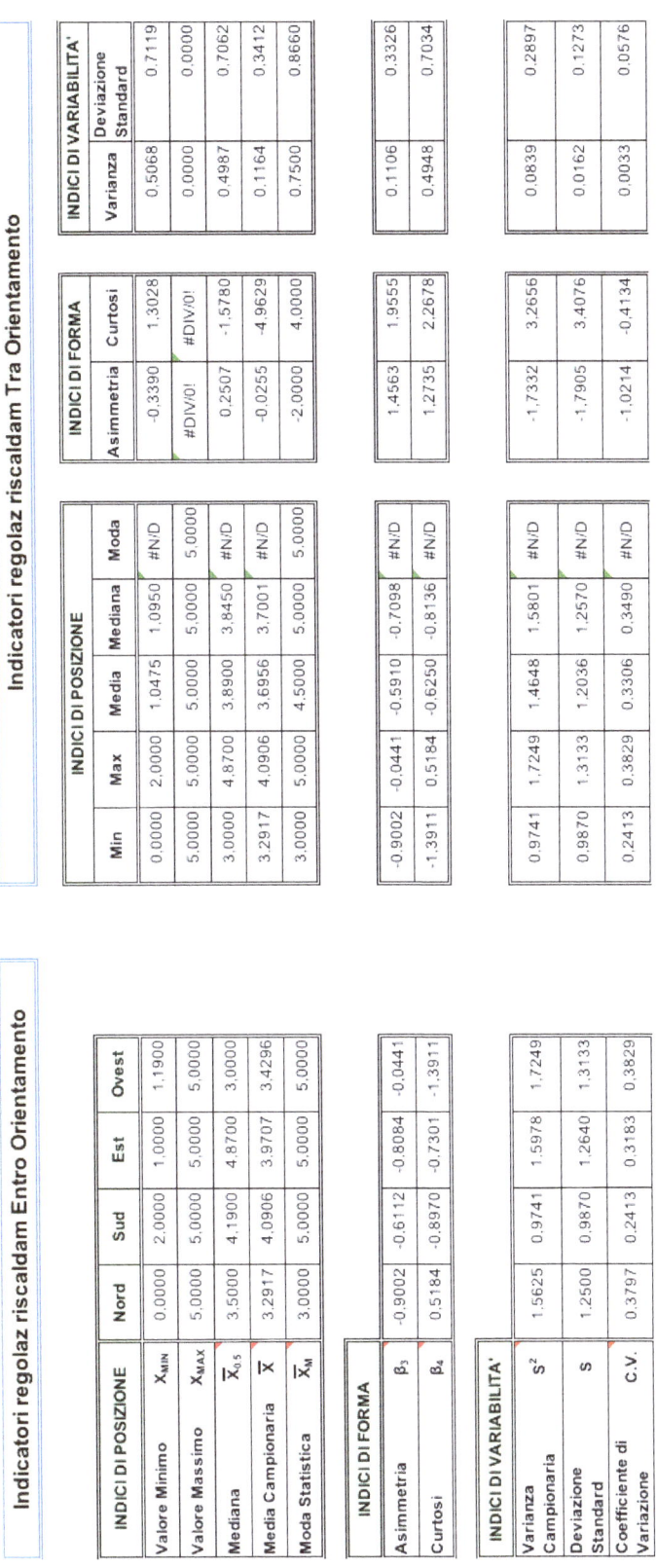

INDICI DI POSIZIONE				
Min	Max	Media	Mediana	Moda
0.0000	2.0000	1.0475	1.0950	#N/D
5.0000	5.0000	5.0000	5.0000	5.0000
3.0000	4.8700	3.8900	3.8450	#N/D
3.2917	4.0906	3.6956	3.7001	#N/D
3.0000	5.0000	4.5000	5.0000	5.0000

Min	Max	Media	Mediana	Moda
-0.9002	-0.0441	-0.5910	-0.7098	#N/D
-1.3911	0.5184	-0.6250	-0.8136	#N/D

Min	Max	Media	Mediana	Moda
0.9741	1.7249	1.4648	1.5801	#N/D
0.9870	1.3133	1.2036	1.2570	#N/D
0.2413	0.3829	0.3306	0.3490	#N/D

INDICI DI FORMA	
Asimmetria	Curtosi
-0.3390	1.3028
#DIV/0!	#DIV/0!
0.2507	-1.5780
-0.0255	-4.9629
-2.0000	4.0000

Asimmetria	Curtosi
1.4563	1.9555
1.2735	2.2678

Asimmetria	Curtosi
-1.7332	3.2656
-1.7905	3.4076
-1.0214	-0.4134

INDICI DI VARIABILITA'	
Varianza	Deviazione Standard
0.5068	0.7119
0.0000	0.0000
0.4987	0.7062
0.1164	0.3412
0.7500	0.8660

Varianza	Deviazione Standard
0.1106	0.3326
0.4948	0.7034

Varianza	Deviazione Standard
0.0839	0.2897
0.0162	0.1273
0.0033	0.0576

Figura 28 Indicatori regolaz. riscaldam. risp. orientamento

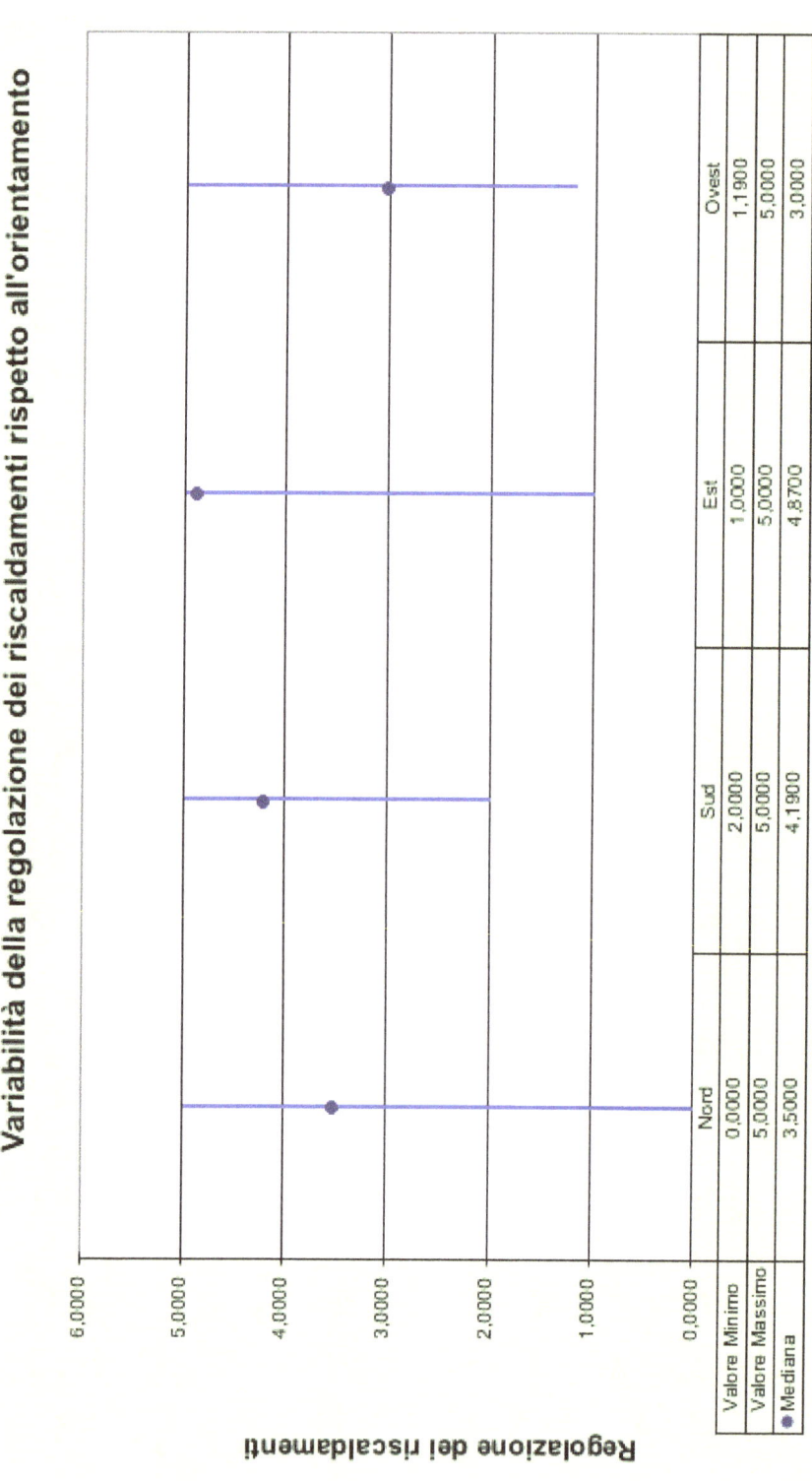

Figura 29

Indicatori regolaz riscaldam Tra Aree dei piani

INDICI DI POSIZIONE

Min	Max	Media	Mediana	Moda
0.0000	2.2400	1.5300	2.0000	#N/D
5.0000	5.0000	5.0000	5.0000	5.0000
3.3300	5.0000	3.7160	3.3750	3.3750
3.1515	4.5282	3.6942	3.5250	#N/D
#N/D	#N/D	#N/D	#N/D	#N/D

INDICI DI FORMA

Asimmetria	Curtosi
-1.3489	1.0040
#DIV/0!	#DIV/0!
2.1939	4.8413
1.1929	1.7626
#N/D	#N/D

INDICI DI VARIABILITA'

Varianza	Deviazione Standard
0.7315	0.8553
0.0000	0.0000
0.4154	0.6445
0.2170	0.4658
#N/D	#N/D

Min	Max	Media	Mediana	Moda
-1.9166	0.2277	-0.4843	-0.1928	#N/D
-1.7518	2.4559	-0.5698	-1.5158	#N/D

Asimmetria	Curtosi
-1.3507	1.4255
1.7125	2.6987

Varianza	Deviazione Standard
0.6301	0.7938
2.5704	1.6032

Min	Max	Media	Mediana	Moda
0.0000	2.1332	1.0214	0.9244	#N/D
0.0000	1.4606	0.8888	0.9615	#N/D
0.0000	0.4219	0.2376	0.2527	#N/D

Asimmetria	Curtosi
0.2922	1.7972
-1.3628	2.9253
-0.7803	1.5719

Varianza	Deviazione Standard
0.4622	0.6799
0.2315	0.4811
0.0191	0.1382

Indicatori regolaz riscaldam Entro Aree dei piani

INDICI DI POSIZIONE		Ala centr Sx	Ala centr Dx	Ala centr	Ala later davanti	Ala later dietro
Valore Minimo	X_{MIN}	2.0000	0.0000	2.2200	2.2400	1.1900
Valore Massimo	X_{MAX}	5.0000	5.0000	5.0000	5.0000	5.0000
Mediana	$\overline{X}_{0,5}$	3.3750	3.5000	3.3750	5.0000	3.3300
Media Campionaria	$\overline{X}$	3.8043	3.1515	3.5250	4.5282	3.4617
Moda Statistica	$\overline{X}_{M}$	3.0000	4.0000	#N/D	5.0000	5.0000

INDICI DI FORMA						
Asimmetria	β_3	0.1858	-0.7255	0.2277	-1.9166	-0.1928
Curtosi	β_4	-1.5158	-0.3107	-1.7518	2.4559	-1.7265

INDICI DI VARIABILITA'						
Varianza Campionaria	s^2	0.9244	0.0000	1.1306	0.9189	2.1332
Deviazione Standard	s	0.9615	0.0000	1.0633	0.9586	1.4606
Coefficiente di Variazione	C.V.	0.2527	0.0000	0.3016	0.2117	0.4219

Figura 30 Indicatori regolaz. radiatori risp. area piani

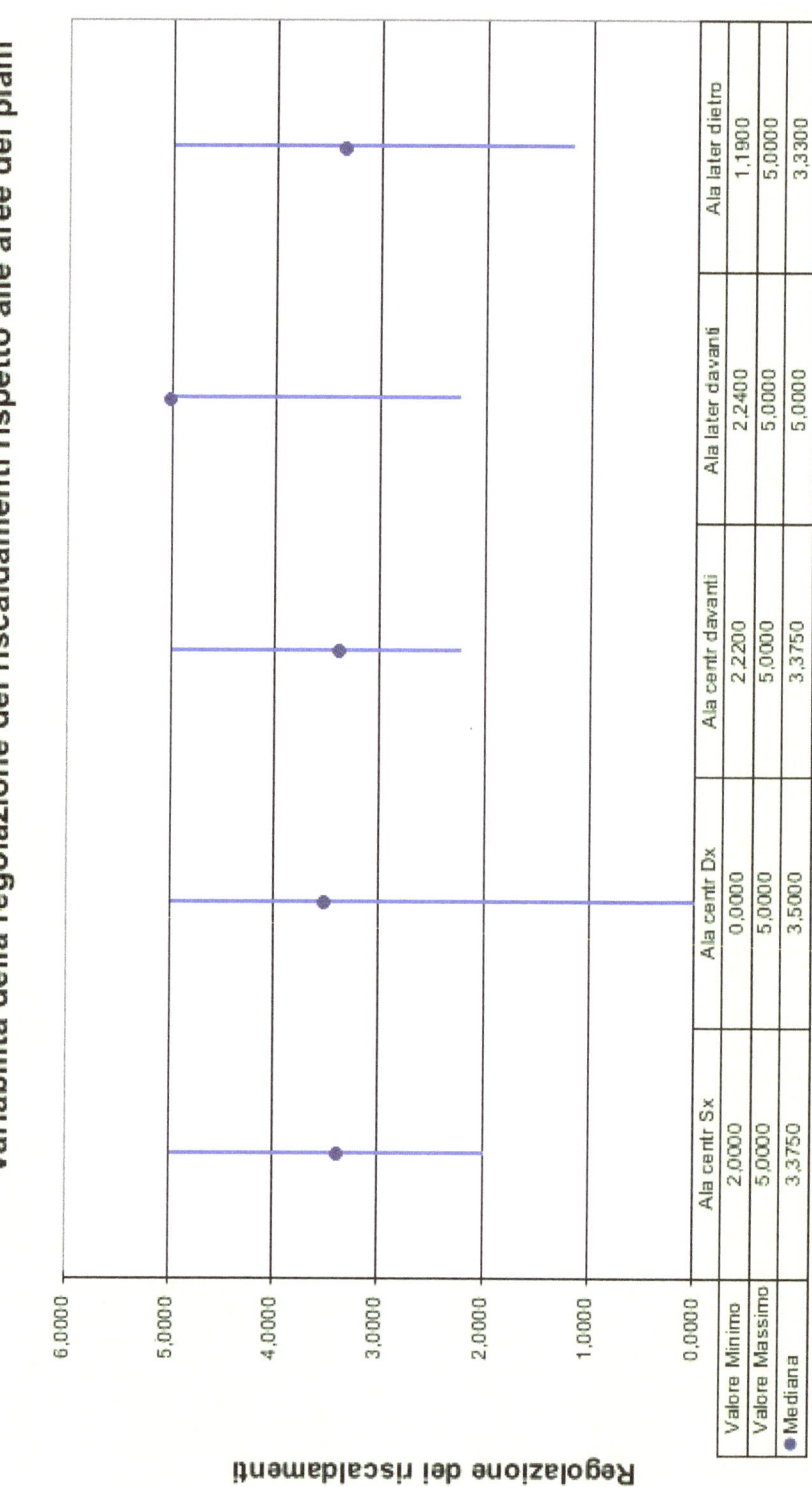

Figura 31

Gli indici proposti segnalano che la **variabilità della temperatura** all'interno dell'edificio è in larga parte **non casuale**, si intravede che la componente sistematica è rilevante, in poche parole tale variabilità ha una spiegazione: trovandola saremmo in grado di ottimizzare tale situazione, consentendo uniformità di temperatura tra i locali, e, conseguentemente, otterremmo un cospicuo **risparmio energetico**.

Per **spiegare la variabilità del fenomeno** oggetto di studio, ossia capire i motivi della variabilità delle temperature dell'edificio e di conseguenza ottimizzarle, si costruisce una serie di **modelli statistici**.

3   Analisi dei dati tramite modelli statistici

3.1 Modelli di analisi della varianza

Si determina una serie di modelli di analisi della varianza in cui i fattori prima descritti vengono analizzati singolarmente, rispetto alle variabili risposta "temperatura", "numero elementi dei radiatori", "regolazione dei radiatori", etc. (non è necessario soffermarci su questa serie di modelli singoli dei quali si forniscono i test di effetto dei fattori "piano" ed "ala" nei casi di maggior significatività)[4]: questi modelli non esprimono molto per la globalità del fenomeno, ma ci suggeriscono[5], tuttavia, che potrebbe essere estremamente interessante considerare tutte le variabili ed i fattori non più singolarmente, ma a livello complessivo (cioè tutte insieme).

---

[4] (non necessario soffermarci troppo sulle seguenti figure: **fig.32**, **fig.33**, **fig.34**, **fig.35**)

[5] I **p-value** relativi ai **test F** (assenza di effetto dei fattori rispetto alle variabili) assumono spesso valori vicini allo zero indicando la **significatività** dei **fattori** considerati nell'analisi.

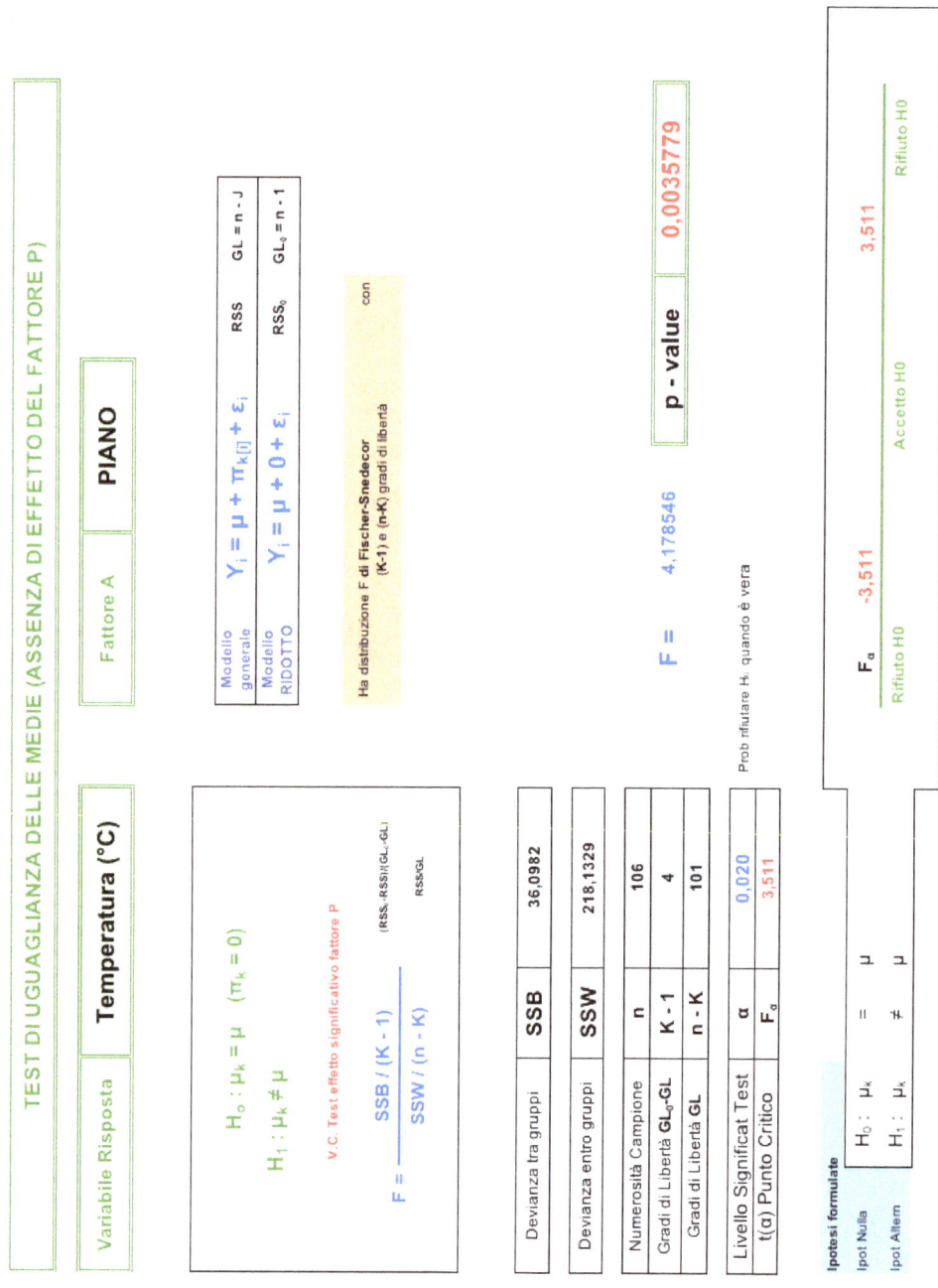

Figura 32

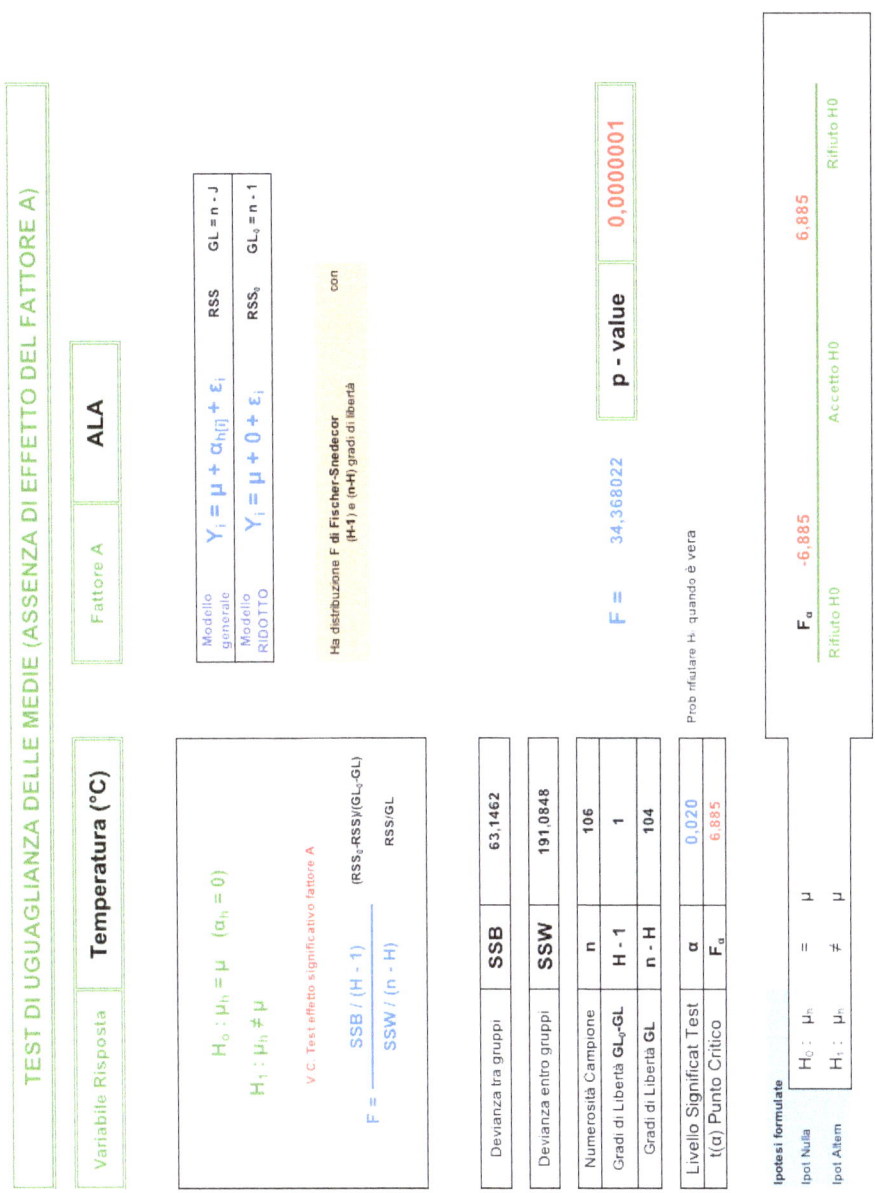

Figura 33

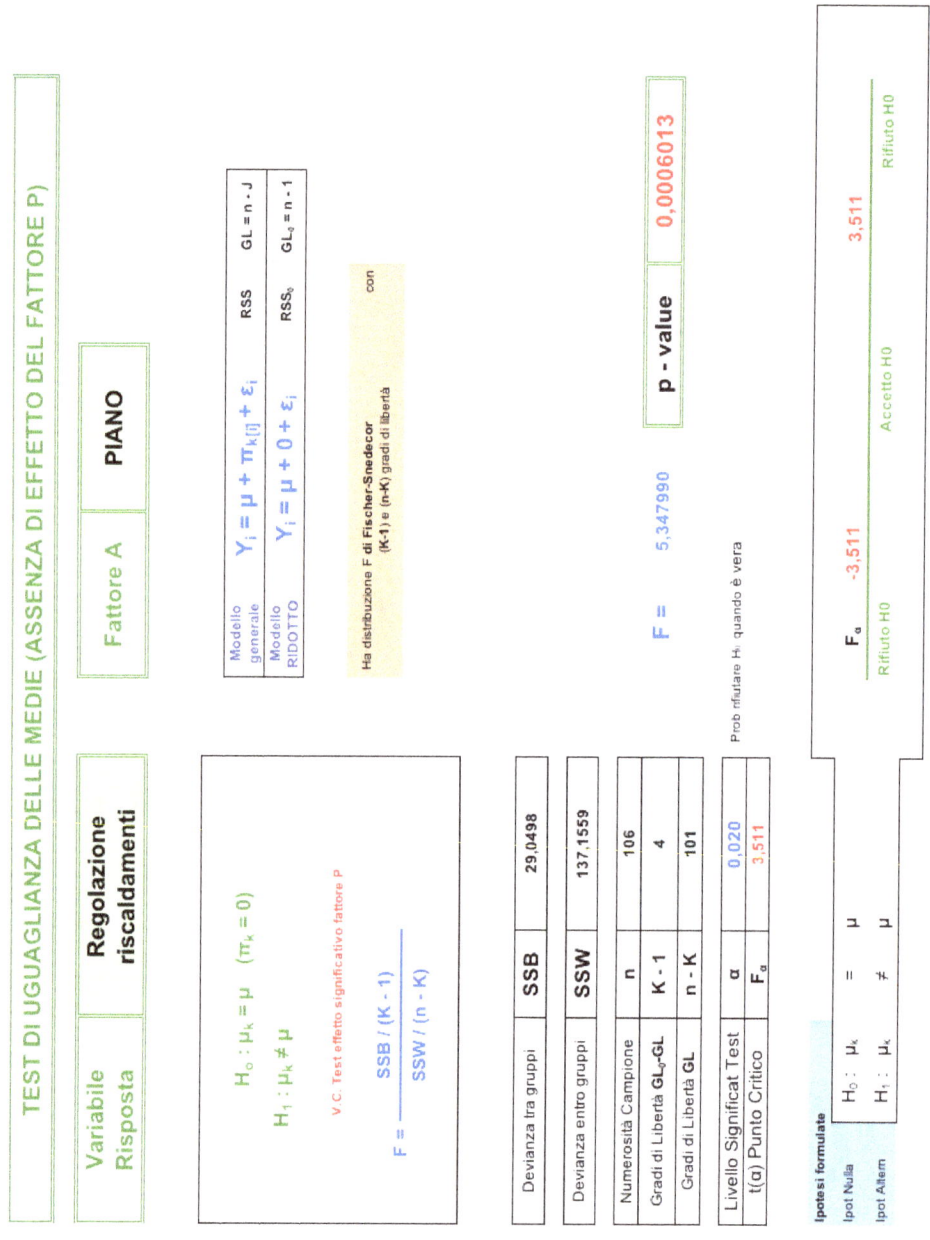

Figura 34

Figura 35

Dopo aver costruito il **modello generale** (nel quale sono presenti tutte le variabili ed i fattori coinvolti nell'analisi), si omettono le variabili ed i fattori **non-significativi**[6], si inseriscono eventuali **interazioni**[7] tra variabili e fattori, eventualmente si inseriscono anche i **termini quadratici**[8]; a questo punto si inseriscono di nuovo, una per volta, le variabili ed i fattori omessi in precedenza, se quest'ultimi risultano non-significativi ancora una volta, allora il modello è finito.

Nel nostro caso si arriva ad un **modello di analisi della covarianza** che verrà esaminato qui di seguito.

---

[6] Si ricorda che, una variabile o un fattore risultano **significativi** se i rispettivi **p-value**, calcolati in base ai test **t** ed **F** (relativamente alla propria deviazione standard, alla stima dei propri parametri e alla scomposizione della loro variabilità), assumono valori il più vicino possibile a 0.

Si apre una **breve parentesi** per ricordare che il **p-value** è la probabilità che la variabile casuale test assuma un valore più estremo di quello osservato: se il p-value assume un valore alto (generalmente maggiore di 0,10), tale valore si colloca, per livelli di significatività del test bassi (cioè la probabilità di rifiutare ipotesi nulla H_0 quando è vera, ad esempio $\alpha = 0,05$ oppure $\alpha = 0,01$), nella zona di accettazione di $H_0 : \beta_1 = 0$, ciò implica che il parametro β_1 risulta non-significativo; viceversa se il p-value assume un valore basso (generalmente intorno o minore di 0,01), tale valore si colloca, per livelli di significatività del test comunque bassi (ad esempio $\alpha = 0,05$), nella zona di rifiuto di $H_0 : \beta_1 = 0$, e questo implica che stavolta il parametro β_1 risulta significativo.

[7] A differenza della **correlazione** tra due variabili che indica in che modo esse variano contemporaneamente, l'**interazione** tra due variabili assume un concetto più complesso: il far variare una variabile risposta da parte una variabile esplicativa dipende da un'altra variabile esplicativa e viceversa.

[8] In caso di andamento non propriamente lineare della variabile esaminata (il termine quadratico implica che una variabile si adatti in sintesi all'andamento di una curva).

3.2 Modello di analisi della covarianza

Si costruisce un **modello di analisi della covarianza** in cui la variabile risposta è la "temperatura", si assume una variabile esplicativa che è la "regolazione dei radiatori", si assumono 3 fattori ("Piano dell'edificio", "Ala dell'edificio", "Tempo di rilevazione") ed un'interazione tra "Ala" e "regolazione dei radiatori".

Modello di analisi della covarianza con 1 variabile, 3 fattori e 1 interazione

$$Y_i = \mu_{kht[i]} + \beta_1\, x_{i2} + \gamma_{h[i]}\, x_{i2} + \varepsilon_i$$

$$Y_i = \mu + \pi_{k[i]} + \alpha_{h[i]} + \theta_{t[i]} + \beta_1\, x_{i2} + \gamma_{h[i]}\, x_{i2} + \varepsilon_i$$

Si riportano i dati relativi alla stima dei parametri associati alle variabili e ai fattori coinvolti e l'**analisi della tavola della varianza** (**ANOVA**), ossia la tabella riepilogativa della **scomposizione della variabilità**:

Tabella dei coefficienti stimati per il Modello di analisi della covarianza				
Parameter	Estimate	Standard Error	t - value	p - value
μ	17,2881	0,4424	39,0780	0,000000
π_1	0,0000			
π_2	2,1813	0,3729	5,8496	0,000000
π_3	1,5583	0,3399	4,5846	0,000014
π_4	1,5645	0,3345	4,6771	0,000009
π_5	0,5737	0,3611	1,5888	0,115370
α_1	0,0000			
α_2	1,0657	0,7382	1,4436	0,152060
θ_1	0,0000			
θ_2	0,6733	0,1989	3,3851	0,001028
β_1	0,5821	0,1042	5,5864	0,000000
γ_1	0,0000			
γ_2	-0,8393	0,1883	-4,4572	0,000022

ANOVA relativa a Modello di analisi della covarianza					
Fonte di varianza	Df	Sum Sq	Mean Sq	F - value	p - value
variabile X_2 = regolaz radiatori	1	15,7870	15,787000	15,402571	0,00016239
Fattore P = piano	4	24,1590	6,039750	5,892676	0,00027455
Fattore A = ala	1	83,0150	83,015000	80,993502	0,00000000
Fattore T = tempo	1	11,4860	11,486000	11,206305	0,00116134
Interazione tra X_2 e A	1	20,3630	20,363000	19,867141	0,00002230
errore	97	99,4210	1,024959	15,402571	0,00016239

Il modello in questione (**fig.36 e fig.37**) si **adatta**[9] piuttosto **bene** alla successione dei dati; per questo motivo è possibile, attraverso le previsioni, calcolare la temperatura effettiva in funzione della regolazione dei radiatori, suddivisa per piano, per ala, per intervallo temporale.

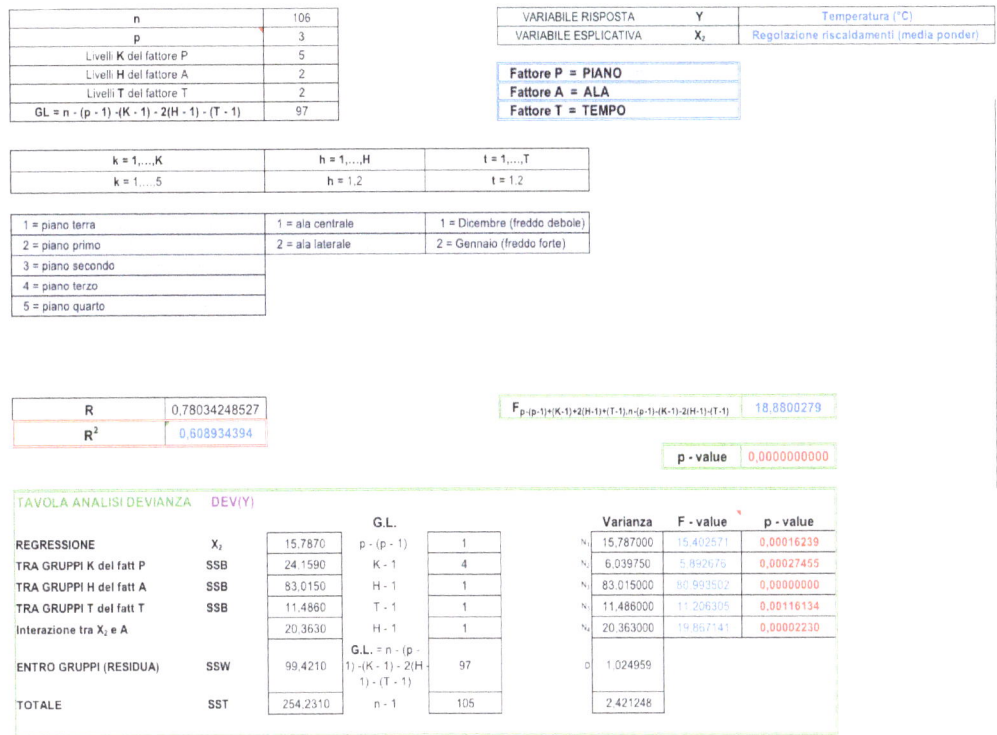

Figura 36   Modello di analisi della covarianza

---

[9] Si possono osservare i valori relativi alla stima dei parametri (con le rispettive deviazioni standard), l'**indice di determinazione lineare** R^2, i valori assunti dai **test** F di **significatività** con i rispettivi **p-value** che assumono valori estremamente vicini allo zero.

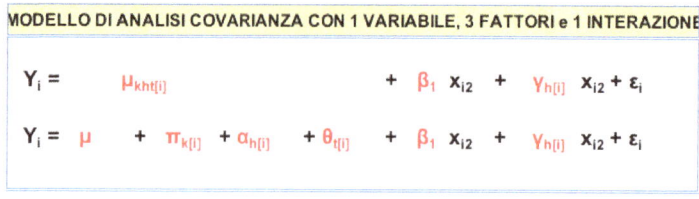

MODELLO DI ANALISI COVARIANZA CON 1 VARIABILE, 3 FATTORI e 1 INTERAZIONE

$$Y_i = \mu_{kht[i]} + \beta_1 \, x_{i2} + \gamma_{h[i]} \, x_{i2} + \varepsilon_i$$

$$Y_i = \mu + \pi_{k[i]} + \alpha_{h[i]} + \theta_{t[i]} + \beta_1 \, x_{i2} + \gamma_{h[i]} \, x_{i2} + \varepsilon_i$$

| Stima di ε_i | $\varepsilon_i{}^\wedge = y_i - y_i{}^\wedge$ | $\sigma^{\wedge 2}$ | 1,0250 |
| | | $\sigma^\wedge$ | 1,0124 |

Stima di y_i	$y_i{}^\wedge$	=	$\mu^\wedge$	+	$\pi_{k[i]}{}^\wedge$	+	$\alpha_{h[i]}{}^\wedge$	+	$\theta_{t[i]}{}^\wedge$	+	$\beta_1{}^\wedge \, x_{i2}$	+
Valore assumibile (previsione)	$y_0{}^\wedge$	=	$\mu^\wedge$	+	$\pi_{k[i]}{}^\wedge$	+	$\alpha_{h[i]}{}^\wedge$	+	$\theta_{t[i]}{}^\wedge$	+	$\beta_1{}^\wedge$	x_{02}
Valore assumibile (previsione)	$y_0{}^\wedge$	=	17,2881	+	$\pi_{k[i]}{}^\wedge$	+	$\alpha_{h[i]}{}^\wedge$	+	$\theta_{t[i]}{}^\wedge$	+	0,5821	2,50

P	A	T			$y_0{}^\wedge$
1	1	1	$y_0{}^\wedge$	=	18,7434
1	1	2	$y_0{}^\wedge$	=	19,4167
1	2	1	$y_0{}^\wedge$	=	17,7108
1	2	2	$y_0{}^\wedge$	=	18,3841
2	1	1	$y_0{}^\wedge$	=	20,9247
2	1	2	$y_0{}^\wedge$	=	21,5980
2	2	1	$y_0{}^\wedge$	=	19,8921
2	2	2	$y_0{}^\wedge$	=	20,5654
3	1	1	$y_0{}^\wedge$	=	20,3017
3	1	2	$y_0{}^\wedge$	=	20,9750
3	2	1	$y_0{}^\wedge$	=	19,2691
3	2	2	$y_0{}^\wedge$	=	19,9424
4	1	1	$y_0{}^\wedge$	=	20,3079
4	1	2	$y_0{}^\wedge$	=	20,9812
4	2	1	$y_0{}^\wedge$	=	19,2753
4	2	2	$y_0{}^\wedge$	=	19,9486
5	1	1	$y_0{}^\wedge$	=	19,3171
5	1	2	$y_0{}^\wedge$	=	19,9904
5	2	1	$y_0{}^\wedge$	=	18,2845
5	2	2	$y_0{}^\wedge$	=	18,9578

Figura 37   Modello di analisi della covarianza (previsioni)

A titolo **esemplificativo** possiamo osservare in figura e nella tabella sottostante le temperature (in °C) previste nel caso in cui i radiatori fossero regolati a **2,50**.

P	A	T			$y_i\char`^$
1	1	1	$y_i\char`^$	=	18,7434
1	1	2	$y_i\char`^$	=	19,4167
1	2	1	$y_i\char`^$	=	17,7108
1	2	2	$y_i\char`^$	=	18,3841
2	1	1	$y_i\char`^$	=	20,9247
2	1	2	$y_i\char`^$	=	21,5980
2	2	1	$y_i\char`^$	=	19,8921
2	2	2	$y_i\char`^$	=	20,5654
3	1	1	$y_i\char`^$	=	20,3017
3	1	2	$y_i\char`^$	=	20,9750
3	2	1	$y_i\char`^$	=	19,2691
3	2	2	$y_i\char`^$	=	19,9424
4	1	1	$y_i\char`^$	=	20,3079
4	1	2	$y_i\char`^$	=	20,9812
4	2	1	$y_i\char`^$	=	19,2753
4	2	2	$y_i\char`^$	=	19,9486
5	1	1	$y_i\char`^$	=	19,3171
5	1	2	$y_i\char`^$	=	19,9904
5	2	1	$y_i\char`^$	=	18,2845
5	2	2	$y_i\char`^$	=	18,9578

Ad **esempio** al piano 1 (piano terra), nell'ala 1 (ala centrale), al tempo 2 (Gennaio) sarà prevista, regolando i radiatori a 2,50, una temperatura di 19,42 °C; oppure al piano 2 (primo piano), nell'ala 2 (ala laterale), al tempo 1 (Dicembre), una temperatura di 19,89 °C.

Le **previsioni** sono **attendibili** in termini probabilistici, in quanto un **modello adeguato** ha la caratteristica di **massimizzare** la **componente sistematica** la quale spiega il perché avviene un determinata **risposta** (in questo caso la temperatura), rispetto alla **componente casuale** (ad esempio l'apertura di finestre nella struttura, condizioni meteo straordinarie, etc.), la quale, essendo **minima**, non influisce in maniera significativa sulla risposta del fenomeno studiato.

Adottando le previsioni è possibile, di conseguenza, **uniformare** la **temperatura** nelle diverse zone elencate, in modo da **ottimizzare** lo **stato ambientale** della struttura in questione e, chiaramente, ottenere un considerevole **risparmio energetico**.

Oltre ad uniformare la temperatura nei locali si può anche **analizzare** in maniera specifica i **risultati** fornitoci dal modello, dando un'**interpretazione** logica a tali risultati in modo da intervenire, eventualmente, sulla struttura in maniera mirata.

L'interpretazione dei risultati ottenuti sarà argomento del prossimo paragrafo.

4 Interpretazione dei risultati ottenuti

Le previsioni forniteci dal modello adattato ai dati mostrano, per quanto riguarda la variabilità termica all'interno della struttura, **due aspetti** molto interessanti (si osservi di nuovo la **tabella** precedente):

1) a parità di regolazione dei radiatori, i locali presenti nell'ala laterale della struttura presentano temperature complessivamente più basse: questo dipende ovviamente dal maggiore isolamento termico dovuto al cappotto, presente solo nell'ala centrale, e dalla diversa forma ed esposizione a venti freddi di tramontana; la cosa però interessante è che aumentando la regolazione dei radiatori il divario fra le due zone non solo non è proporzionale, ma aumenta sempre di più[10]: l'unica spiegazione a tale fenomeno si può intravedere nel fatto che per qualche motivo l'ala laterale sia penalizzata da qualche fattore tecnico intrinseco alla distribuzione del calore da parte dell'impianto termico.

2) A parità di regolazione dei radiatori, i locali presenti nell'edificio presentano temperature globalmente più alte nei periodi di freddo intenso rispetto a periodi di freddo moderato: anche questa volta la spiegazione va ricercata nella struttura dell'impianto termico; in questo caso particolare, l'andamento del

---

[10] Infatti nel modello di analisi della covarianza il parametro γ_2 relativo all'interazione tra la regolazione dei radiatori e l'ala laterale dell'edificio assume un valore negativo (= - 0,8393)

fenomeno è collegato ai sensori dell'impianto stesso, che nei periodi più freddi provvedono a far attivare automaticamente il riscaldamento per scansioni temporali prolungate, consentendo alla struttura di mantenere, anche se può sembrare un paradosso, una temperatura più alta.

Alla luce di queste considerazioni è possibile, dunque, effettuando a livello tecnico (non strutturale) **interventi mirati** sull'impianto termico, **ottimizzare**, in maniera ancora più marcata, uniformità di temperatura, stato ambientale e risparmio energetico.

Uno studio mirato e consapevole e un'azione specifica sull'impianto che regola l'erogazione del gas metano permettono, così, il raggiungimento di un notevole **risparmio**, non solo in termini economici, ma anche di **impatto ambientale**, per non dire, aspetto altrettanto fondamentale, che permettono **condizioni abitative** sicuramente più consone all'utenza che, nel caso specifico, si ospita.

5 Decisioni strategiche

In relazione ai risultati ottenuti occorre effettuare, per **ottimizzare** lo **stato ambientale** ed il **consumo energetico** della struttura, **due** tipi di **intervento**.

5.1 Intervento sull'impianto termico

Innanzitutto si deve **intervenire** sull'**impianto termico** a livello **tecnico**: per risolvere il problema di non uniformità di andamento della temperatura fra le due ali dell'edificio[11], occorre regolare la distribuzione del calore compensando le zone penalizzate; per risolvere la paradossale incongruenza dell'andamento della temperatura interna rispetto alle condizioni metereologiche esterne dell'edificio[12], occorre regolare in maniera appropriata i sensori esterni, che consentono all'impianto termico di attivarsi automaticamente: nel caso specifico occorre abbassare, durante i periodi invernali più freddi, il limite minimo di temperatura esterna che innesta la partenza automatica della caldaia.

---

[11] **Cfr. 4**, punto **1**
[12] **Cfr. 4**, punto **2**

5.2 Intervento sui radiatori

Si deve **intervenire** successivamente sui **singoli radiatori**, tramite la regolazione della **termovalvola** presente su ciascuno di essi (la regolazione prevede un intervallo che va da 0 a 5 unità, suddivise a loro volta in venticinquesimi, ad esempio 2,25): per effettuare tale intervento, occorre prendere in considerazione che l'andamento della temperatura di ogni zona e di ogni stanza dell'edificio deve essere esaminato non solo a livello singolo, ma anche, a causa dell'interferenza dei locali fra loro stessi, comprovata dalla parte di variabilità spiegata dal modelli statistici costruiti[13], a livello complessivo.

Si descrivono le **fasi** della **procedura** adottata nello specifico:

1) si effettua il confronto tra le **previsioni** delle **temperature** interne all'edificio relative ai valori assumibili dalla variabile "**regolazione dei radiatori**"; è possibile osservare in tabella (**fig.38**)[14] le temperature previste per ogni zona ed intervallo temporale nel caso la "regolazione dei radiatori" fosse di volta in volta uguale a cinque valori ipotetici (ad esempio se la regolazione dei radiatori fosse uguale a 3, al piano 1 (piano terra), nell'ala 2 (ala laterale), al tempo 1 (Dicembre) sarebbe prevista una temperatura di 17,58 °C).

---

[13] **Cfr. 3.1** e **3.2**

[14] I valori raccolti in tabella indicano le **previsioni** fornite dal modello generale (**Cfr. 3.2**) nel caso la "**regolazione dei radiatori**" fosse uguale a cinque valori ipotetici (2 2,5 3 3,5 4).

2)   In base ai risultati ottenuti dalla fase precedente si interviene quindi, in maniera mirata, su fattori e variabili significative inerenti a ciascuna zona e ciascun intervallo temporale: in pratica si assegna per ogni zona la "**regolazione dei radiatori**" ipoteticamente migliore (se pur non ancora ottimale, la migliore possibile per quella determinata zona). Ad esempio al piano 1 (piano terra), nell'ala 1 (ala centrale), al tempo 1 (Dicembre), per ottenere la temperatura di 19,03 °C, la "regolazione dei radiatori" dovrebbe assumere il valore 3 (**fig.39**); oppure al al piano 1 (piano terra), nell'ala 1 (ala centrale), al tempo 2 (Gennaio), per ottenere la temperatura di 19,27 °C, la "regolazione dei radiatori" dovrebbe assumere il valore 2,25 (**fig.40**); come già affermato a ciascuna zona sarà assegnato il proprio valore di "regolazione dei radiatori" (altri esempi di zone diverse in **fig.41**e **fig.42**)[15].

3) Si arriva dunque alla sequenza finale delle **decisioni strategiche** da adottare nella "**regolazione dei radiatori**" della struttura (**fig.43**).

In questa **tabella decisionale** è possibile osservare anche degli intervalli previsionali ed i relativi indici di posizione e di variabilità.

---

[15] Si ricorda che un **modello statistico** ottimale non solo ha la funzione di **spiegare** l'**andamento** di un determinato **fenomeno** e di fare delle **previsioni** future, ma ha anche la funzione di spiegare **come si mostrerebbe** tale fenomeno **interagendo** sui **fattori influenti** sulla risposta, essendo così in grado di **ottimizzarlo** (si intende dunque non solo prevedere il **futuro**, ma anche **modificarlo** a nostro piacimento).

MEDIA	MEDIA PON	DEV.STD	VAR
19,0344	19,1314	0,4602	0,2118
19,7077	19,8047	0,4602	0,2118
17,5822	17,5393	0,2033	0,0413
18,2555	18,2126	0,2033	0,0413
21,2157	21,3127	0,4602	0,2118
21,8890	21,9860	0,4602	0,2118
19,7635	19,7206	0,2033	0,0413
20,4368	20,3939	0,2033	0,0413
20,5927	20,6897	0,4602	0,2118
21,2660	21,3630	0,4602	0,2118
19,1405	19,0976	0,2033	0,0413
19,8138	19,7709	0,2033	0,0413
20,5989	20,6959	0,4602	0,2118
21,2722	21,3692	0,4602	0,2118
19,1467	19,1038	0,2033	0,0413
19,8200	19,7771	0,2033	0,0413
19,6081	19,7051	0,4602	0,2118
20,2814	20,3784	0,4602	0,2118
18,1559	18,1130	0,2033	0,0413
18,8292	18,7863	0,2033	0,0413

MEDIA	MEDIA PON	DEV.STD	VAR
19,8205	19,8476	0,1284	0,0165
19,8508	19,8496	0,0583	0,0034
1,1717	1,2167	0,2146	0,0460
1,4098	1,5167	0,5145	0,2647
-0,1206	-0,1076	0,0624	0,0039
-0,6537	-0,6721	0,1474	0,0217

CONFRONTO TRA LE PREVISIONI RELATIVE AI VALORI ASSUMIBILI DALLA VARIABILE "REGOLAZIONE DEI RISCALDAMENTI"

P	A	T		x_{02}			
				2	2,5	3	3,5	4
1	1	1	$\hat{y}_0$	18,4523	18,7434	19,0344	19,3255	19,6165
1	1	2	$\hat{y}_0$	19,1256	19,4167	19,7077	19,9988	20,2898
1	2	1	$\hat{y}_0$	17,8394	17,7108	17,5822	17,4536	17,3250
1	2	2	$\hat{y}_0$	18,5127	18,3841	18,2555	18,1269	17,9983
2	1	1	$\hat{y}_0$	20,6336	20,9247	21,2157	21,5068	21,7978
2	1	2	$\hat{y}_0$	21,3069	21,5980	21,8890	22,1801	22,4711
2	2	1	$\hat{y}_0$	20,0207	19,8921	19,7635	19,6349	19,5063
2	2	2	$\hat{y}_0$	20,6940	20,5654	20,4368	20,3082	20,1796
3	1	1	$\hat{y}_0$	20,0106	20,3017	20,5927	20,8838	21,1748
3	1	2	$\hat{y}_0$	20,6839	20,9750	21,2660	21,5571	21,8481
3	2	1	$\hat{y}_0$	19,3977	19,2691	19,1405	19,0119	18,8833
3	2	2	$\hat{y}_0$	20,0710	19,9424	19,8138	19,6852	19,5566
4	1	1	$\hat{y}_0$	20,0168	20,3079	20,5989	20,8900	21,1810
4	1	2	$\hat{y}_0$	20,6901	20,9812	21,2722	21,5633	21,8543
4	2	1	$\hat{y}_0$	19,4039	19,2753	19,1467	19,0181	18,8895
4	2	2	$\hat{y}_0$	20,0772	19,9486	19,8200	19,6914	19,5628
5	1	1	$\hat{y}_0$	19,0260	19,3171	19,6081	19,8992	20,1902
5	1	2	$\hat{y}_0$	19,6993	19,9904	20,2814	20,5725	20,8635
5	2	1	$\hat{y}_0$	18,4131	18,2845	18,1559	18,0273	17,8987
5	2	2	$\hat{y}_0$	19,0864	18,9578	18,8292	18,7006	18,5720

	2	2,5	3	3,5	4
MEDIA	19,6581	19,7393	19,8205	19,9017	19,9830
MEDIANA	19,8550	19,9173	19,7887	19,7953	19,8981
DEV. STD	0,9279	1,0211	1,1476	1,2978	1,4642
VARIANZA	0,8610	1,0427	1,3171	1,6842	2,1440
ASIMMETRIA	-0,2080	-0,1561	-0,1099	-0,0760	-0,0529
CURTOSI	-0,6808	-0,5110	-0,5259	-0,6754	-0,8751

Figura 38   Confronto tra le previsioni relative al valore assumibile dalla variabile X_{02} "regolazione dei radiatori"

Valore assumibile (previsione)	$y_0^\wedge$	=	$\mu^\wedge$	+	$\pi_{k[i]}^\wedge$	+	$\alpha_{h[i]}^\wedge$	+	$\theta_{t[i]}^\wedge$	+	$\beta_1^\wedge$	x_{02}
Valore assumibile (previsione)	$y_0^\wedge$	=	17,2881	+	$\pi_{k[i]}^\wedge$	+	$\alpha_{h[i]}^\wedge$	+	$\theta_{t[i]}^\wedge$	+	0,5821	3,00

P	A	T			$y_0^\wedge$
1	1	1	$y_0^\wedge$	=	19,0344
1	1	2	$y_0^\wedge$	=	19,7077
1	2	1	$y_0^\wedge$	=	17,5822
1	2	2	$y_0^\wedge$	=	18,2555
2	1	1	$y_0^\wedge$	=	21,2157
2	1	2	$y_0^\wedge$	=	21,8890
2	2	1	$y_0^\wedge$	=	19,7635
2	2	2	$y_0^\wedge$	=	20,4368
3	1	1	$y_0^\wedge$	=	20,5927
3	1	2	$y_0^\wedge$	=	21,2660
3	2	1	$y_0^\wedge$	=	19,1405
3	2	2	$y_0^\wedge$	=	19,8138
4	1	1	$y_0^\wedge$	=	20,5989
4	1	2	$y_0^\wedge$	=	21,2722
4	2	1	$y_0^\wedge$	=	19,1467
4	2	2	$y_0^\wedge$	=	19,8200
5	1	1	$y_0^\wedge$	=	19,6081
5	1	2	$y_0^\wedge$	=	20,2814
5	2	1	$y_0^\wedge$	=	18,1559
5	2	2	$y_0^\wedge$	=	18,8292

Figura 39

Valore assumibile (previsione)	$y_0^\wedge$	=	$\mu^\wedge$	+	$\pi_{k[i]}^\wedge$	+	$\alpha_{h[i]}^\wedge$	+	$\theta_{t[i]}^\wedge$	+	$\beta_1^\wedge$	x_{02}
Valore assumibile (previsione)	$y_0^\wedge$	=	17,2881	+	$\pi_{k[i]}^\wedge$	+	$\alpha_{h[i]}^\wedge$	+	$\theta_{t[i]}^\wedge$	+	0,5821	2,25

P	A	T			$y_0^\wedge$
1	1	1	$y_0^\wedge$	=	18,5978
1	1	2	$y_0^\wedge$	=	19,2711
1	2	1	$y_0^\wedge$	=	17,7751
1	2	2	$y_0^\wedge$	=	18,4484
2	1	1	$y_0^\wedge$	=	20,7791
2	1	2	$y_0^\wedge$	=	21,4524
2	2	1	$y_0^\wedge$	=	19,9564
2	2	2	$y_0^\wedge$	=	20,6297
3	1	1	$y_0^\wedge$	=	20,1561
3	1	2	$y_0^\wedge$	=	20,8294
3	2	1	$y_0^\wedge$	=	19,3334
3	2	2	$y_0^\wedge$	=	20,0067
4	1	1	$y_0^\wedge$	=	20,1623
4	1	2	$y_0^\wedge$	=	20,8356
4	2	1	$y_0^\wedge$	=	19,3396
4	2	2	$y_0^\wedge$	=	20,0129
5	1	1	$y_0^\wedge$	=	19,1715
5	1	2	$y_0^\wedge$	=	19,8448
5	2	1	$y_0^\wedge$	=	18,3488
5	2	2	$y_0^\wedge$	=	19,0221

Figura 40

Valore assumibile (previsione)	$y_0^\wedge$	=	$\mu^\wedge$	+	$\pi_{k[i]}^\wedge$	+	$\alpha_{h[i]}^\wedge$	+	$\theta_{t[i]}^\wedge$	+	$\beta_1^\wedge$	x_{02}
Valore assumibile (previsione)	$y_0^\wedge$	=	17,2881	+	$\pi_{k[i]}^\wedge$	+	$\alpha_{h[i]}^\wedge$	+	$\theta_{t[i]}^\wedge$	+	0,5821	2,75

P	A	T			$y_0^\wedge$
1	1	1	$y_0^\wedge$	=	18,8889
1	1	2	$y_0^\wedge$	=	19,5622
1	2	1	$y_0^\wedge$	=	17,6465
1	2	2	$y_0^\wedge$	=	18,3198
2	1	1	$y_0^\wedge$	=	21,0702
2	1	2	$y_0^\wedge$	=	21,7435
2	2	1	$y_0^\wedge$	=	19,8278
2	2	2	$y_0^\wedge$	=	20,5011
3	1	1	$y_0^\wedge$	=	20,4472
3	1	2	$y_0^\wedge$	=	21,1205
3	2	1	$y_0^\wedge$	=	19,2048
3	2	2	$y_0^\wedge$	=	19,8781
4	1	1	$y_0^\wedge$	=	20,4534
4	1	2	$y_0^\wedge$	=	21,1267
4	2	1	$y_0^\wedge$	=	19,2110
4	2	2	$y_0^\wedge$	=	19,8843
5	1	1	$y_0^\wedge$	=	19,4626
5	1	2	$y_0^\wedge$	=	20,1359
5	2	1	$y_0^\wedge$	=	18,2202
5	2	2	$y_0^\wedge$	=	18,8935

Figura 41

Valore assumibile (previsione)	$y_0^\wedge$	=	$\mu^\wedge$	+	$\pi_{k[i]}^\wedge$	+	$\alpha_{h[i]}^\wedge$	+	$\theta_{t[i]}^\wedge$	+	$\beta_1^\wedge$	x_{02}
Valore assumibile (previsione)	$y_0^\wedge$	=	17,2881	+	$\pi_{k[i]}^\wedge$	+	$\alpha_{h[i]}^\wedge$	+	$\theta_{t[i]}^\wedge$	+	0,5821	2,50

P	A	T			$y_0^\wedge$
1	1	1	$y_0^\wedge$	=	18,7434
1	1	2	$y_0^\wedge$	=	19,4167
1	2	1	$y_0^\wedge$	=	17,7108
1	2	2	$y_0^\wedge$	=	18,3841
2	1	1	$y_0^\wedge$	=	20,9247
2	1	2	$y_0^\wedge$	=	21,5980
2	2	1	$y_0^\wedge$	=	19,8921
2	2	2	$y_0^\wedge$	=	20,5654
3	1	1	$y_0^\wedge$	=	20,3017
3	1	2	$y_0^\wedge$	=	20,9750
3	2	1	$y_0^\wedge$	=	19,2691
3	2	2	$y_0^\wedge$	=	19,9424
4	1	1	$y_0^\wedge$	=	20,3079
4	1	2	$y_0^\wedge$	=	20,9812
4	2	1	$y_0^\wedge$	=	19,2753
4	2	2	$y_0^\wedge$	=	19,9486
5	1	1	$y_0^\wedge$	=	19,3171
5	1	2	$y_0^\wedge$	=	19,9904
5	2	1	$y_0^\wedge$	=	18,2845
5	2	2	$y_0^\wedge$	=	18,9578

Figura 42

		DECISIONI RISPETTO VALORE ASSUMIBILE DALLA VARIABILE "REGOLAZIONE DEI RISCALDAMENTI"

Dev.Std Parametri	0,3423
Dev.Std x_{02}	1,2167
Intervallo Dev.Std	**1,5590**

P	A	T			Teoriche	Valore Minimo	Valore Massimo
1	1	1		x_{02}	3,00	2,22	3,78
1	1	2		x_{02}	2,25	1,47	3,03
1	2	1		x_{02}	2,75	1,97	3,53
1	2	2		x_{02}	2,50	1,72	3,28
2	1	1		x_{02}	1,75	0,97	2,53
2	1	2		x_{02}	1,50	0,72	2,28
2	2	1		x_{02}	2,25	1,47	3,03
2	2	2		x_{02}	2,00	1,22	2,78
3	1	1		x_{02}	1,50	0,72	2,28
3	1	2		x_{02}	1,25	0,47	2,03
3	2	1		x_{02}	2,25	1,47	3,03
3	2	2		x_{02}	2,00	1,22	2,78
4	1	1		x_{02}	2,00	1,22	2,78
4	1	2		x_{02}	1,50	0,72	2,28
4	2	1		x_{02}	1,75	0,97	2,53
4	2	2		x_{02}	2,00	1,22	2,78
5	1	1		x_{02}	2,25	1,47	3,03
5	1	2		x_{02}	1,75	0,97	2,53
5	2	1		x_{02}	2,25	1,47	3,03
5	2	2		x_{02}	2,00	1,22	2,78

MEDIA	2,0250	1,2455	2,8045
DEV. STD	0,4360	0,4360	0,4360
VARIANZA	0,1806	0,1806	0,1806
ASIMMETRIA	0,3597	0,3597	0,3597
CURTOSI	0,1567	0,1567	0,1567

Figura 43   Tavola delle decisioni rispetto al valore assumibile dalla variabile X_{02} "regolazione dei radiatori"

6 Verifica delle strategie adottate: risparmio energetico effettivo

6.1 Consumo energetico previsto correlato alle <u>variabili metereologiche</u> e al livello di occupazione

Per verificare la **bontà delle decisioni strategiche** adottate e **quantificare** il valore effettivo di **risparmio energetico** ottenuto, si effettua un'**analisi statistica integrativa**; tramite un'ulteriore serie di **indicatori** e **modelli statistici** adeguati si quantifica il **consumo previsto** di **gas metano** (mt.^{3}) in base alle **variabili metereologiche** e al **livello di occupazione** della struttura: è chiaro, infatti, che il consumo energetico di un edificio varia anche in relazione alle condizioni metereologiche esterne ed al numero di persone che vi si trovano (nel caso specifico un livello di occupazione più basso comporta la chiusura di alcune camere ed in termini relativi un risparmio energetico e viceversa).

Si osservi la matrice dei **dati** oggetto dell'analisi integrativa effettuata (**fig.44**): le unità statistiche che compongono il campione sono le "rilevazioni all'interno ed all'esterno della struttura in intervalli temporali mensili (invernali)", la numerosità campionaria *n* è pari a 20 rilevazioni; l'analisi verte sullo studio incrociato di 8 **variabili** e 2 **fattori**.

| Numerosità campione | | | y_i | x_{i1} | x_{i2} | x_{i3} | x_{i4} | x_{i5} | x_{i6} | x_{i7} | FATTORI | |
| i | Stagione invernale | Mese | Consumo gas metano (Mt^3) | Temperatura esterna media (°c) (media fra le medie giornaliere) | Temperatura esterna minima (°c) (media fra le minime giornaliere) | Temperatura esterna massima (°c) (media fra le massime giornaliere) | Umidità media (%) (media fra le medie giornaliere) | Vento (velocità media fra le medie giornaliere (Km/h)) | Livello di occupazione (%) | Intervalli temporali mensili cumulati | M $\pi_{k(j)}$ Mese k=1,....,5 1=Nov,2=Dic,3= Gen,4=Feb,5=Mar | A $\alpha_{h(j)}$ Stagione invernale h=1,2,3,4 1=2009/10,.... 4=2012/13 |
Rilevazioni all'esterno della struttura in intervalli temporali mensili (invernali)												
1	2009/10	nov-09	5.618	11.5	7.4	16.5	81.4	4.2	49.09	1	1	1
2	2009/10	dic-09	7.607	6.9	3.1	10.9	79.6	4.5	45.45	2	2	1
3	2009/10	gen-10	8.353	5.0	1.7	8.5	75.7	4.4	49.09	3	3	1
4	2009/10	feb-10	8.184	7.3	3.1	11.3	77.4	5.0	47.27	4	4	1
5	2009/10	mar-10	6.817	9.3	5.0	13.8	73.3	6.3	45.45	5	5	1
6	2010/11	nov-10	4.793	10.7	7.2	14.5	87.2	4.3	45.45	6	1	2
7	2010/11	dic-10	7.171	5.6	1.8	8.8	81.0	4.3	47.27	7	2	2
8	2010/11	gen-11	8.746	5.7	1.9	10.1	80.4	4.3	50.91	8	3	2
9	2010/11	feb-11	8.131	7.4	3.2	11.6	70.4	5.0	47.27	9	4	2
10	2010/11	mar-11	6.938	10.1	5.5	15.1	67.4	6.0	49.09	10	5	2
11	2011/12	nov-11	6.806	10.4	5.0	17.0	73.9	5.9	65.45	11	1	3
12	2011/12	dic-11	6.499	8.2	3.8	12.7	77.4	7.0	63.64	12	2	3
13	2011/12	gen-12	9.335	4.7	-1.0	11.3	75.0	6.1	65.45	13	3	3
14	2011/12	feb-12	7.848	4.2	1.0	8.2	60.7	11.1	63.64	14	4	3
15	2011/12	mar-12	6.634	12.5	5.9	19.2	58.6	8.8	58.18	15	5	3
16	2012/13	nov-12	5.263	12.3	8.5	16.4	81.6	7.8	63.64	16	1	4
17	2012/13	dic-12	6.456	5.5	1.9	9.5	86.8	5.3	61.82	17	2	4
18	2012/13	gen-13	8.267	6.1	2.6	9.4	85.4	6.4	65.45	18	3	4
19	2012/13	feb-13	6.828	5.7	1.3	10.1	73.5	8.4	67.27	19	4	4
20	2012/13	mar-13	6.254	9.6	5.7	13.7	78.7	7.7	67.27	20	5	4

VARIABILI

Figura 44

Le **variabili** in questione sono: consumo di gas metano (mt.^{3}), temperatura esterna media (°C), temperatura esterna minima (°C), temperatura esterna massima (°C)[16], umidità media (%), velocità media del vento (Km/h), livello di occupazione (%) dell'edificio, intervalli temporali mensili cumulati.

I **fattori** invece sono:

6) mese, composto da 5 livelli (1 = Novembre, 2 = Dicembre, 3 = Gennaio, 4 = Febbraio, 5 = Marzo).

7) Stagione invernale, composto da 4 livelli (1 = 2009/10, 2 = 2010/11, 3 = 2011/12, 4 = 2012/13).

Si costruisce una serie di **indicatori statistici** e relativi **grafici** per individuare l'andamento delle **condizioni metereologiche** nell'intervallo temporale comprendente varie stagioni invernali (**fig.45**,…,**fig.49**), l'andamento del **consumo di gas metano** durante il medesimo intervallo di tempo (**fig.50**,…,**fig.53**) e l'andamento mensile del livello di occupazione della struttura (**fig.54**), il quale, analizzato dettagliatamente in altra

---

[16] Il valore di temperatura media è inteso, essendo riferito ad un intervallo temporale mensile, come media fra le temperature medie giornaliere; quello di temperatura minima come media fra le temperature minime giornaliere, quello di temperatura massima come media fra le temperature massime giornaliere.

sede[17], evidenzia un significativo incremento dell'occupazione nel tempo.

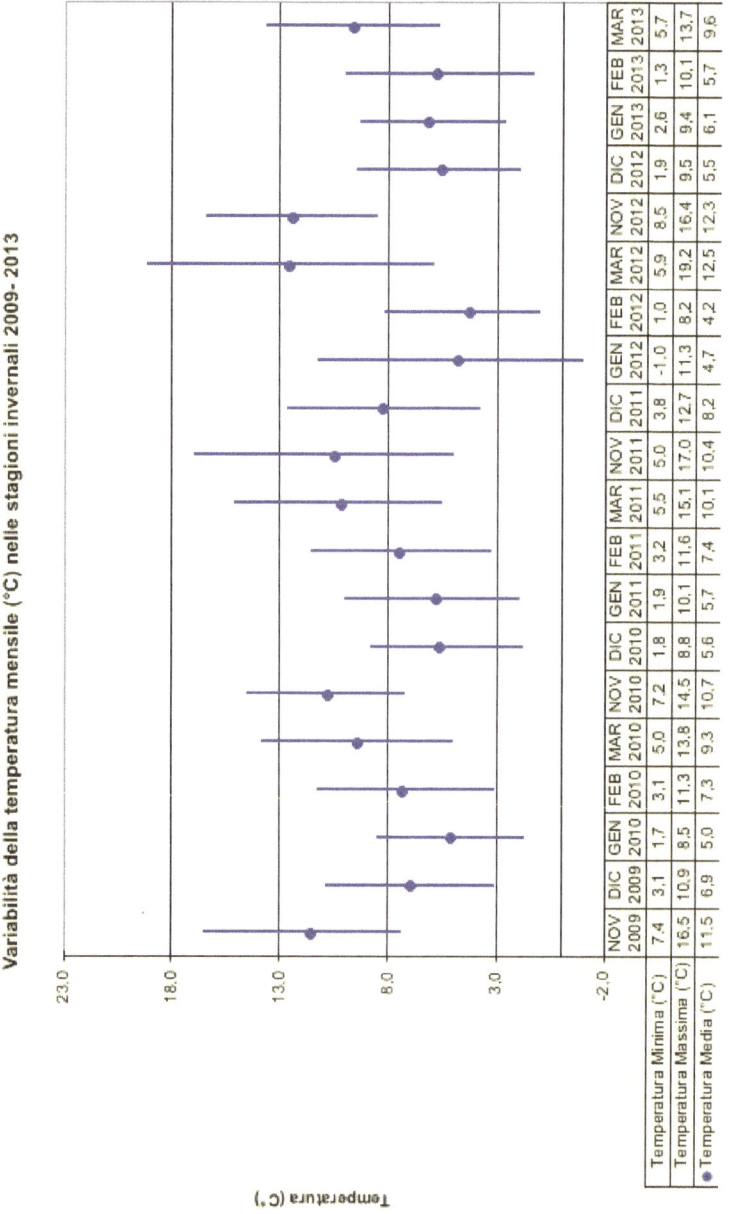

Figura 45 Variabilità della temperatura mensile (°C)

---

[17] E' stato effettuato uno studio statistico su **costi** e **ricavi** della struttura per determinare un **listino prezzi ideale** (equilibrato rispetto al valore di utile e alla giusta competitività sul mercato) e la **Break eaven analysis** (numero minimo di ospiti necessari a determinare una situazione di pareggio di esercizio).

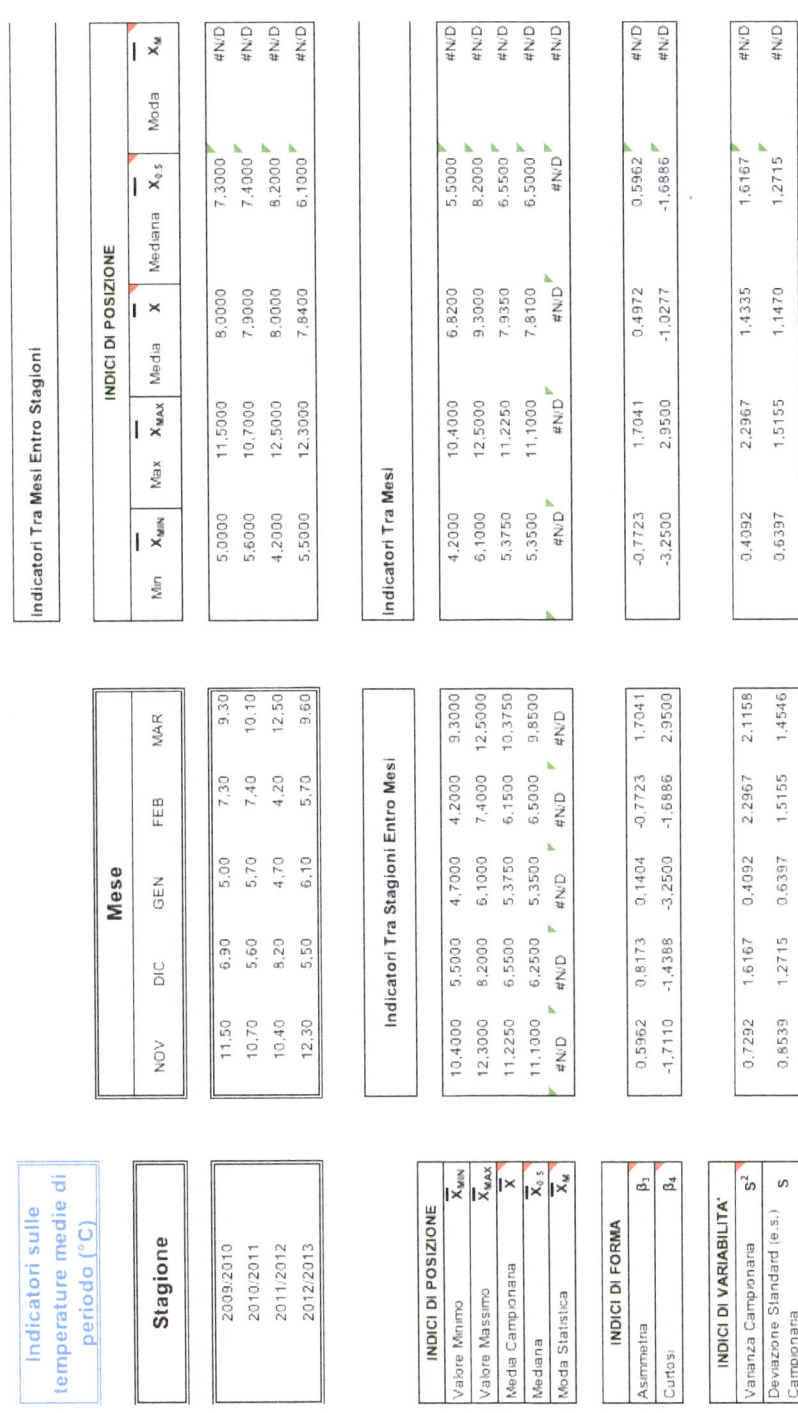

Indicatori sulle temperature medie di periodo (°C)

Stagione	NOV	DIC	GEN	FEB	MAR
2009:2010	11.50	6.90	5.00	7.30	9.30
2010:2011	10.70	5.60	5.70	7.40	10.10
2011:2012	10.40	8.20	4.70	4.20	12.50
2012:2013	12.30	5.50	6.10	5.70	9.60

Figura 46 Indicatori sulle temperature medie di periodo (°C) tra ed entro le stagioni invernali

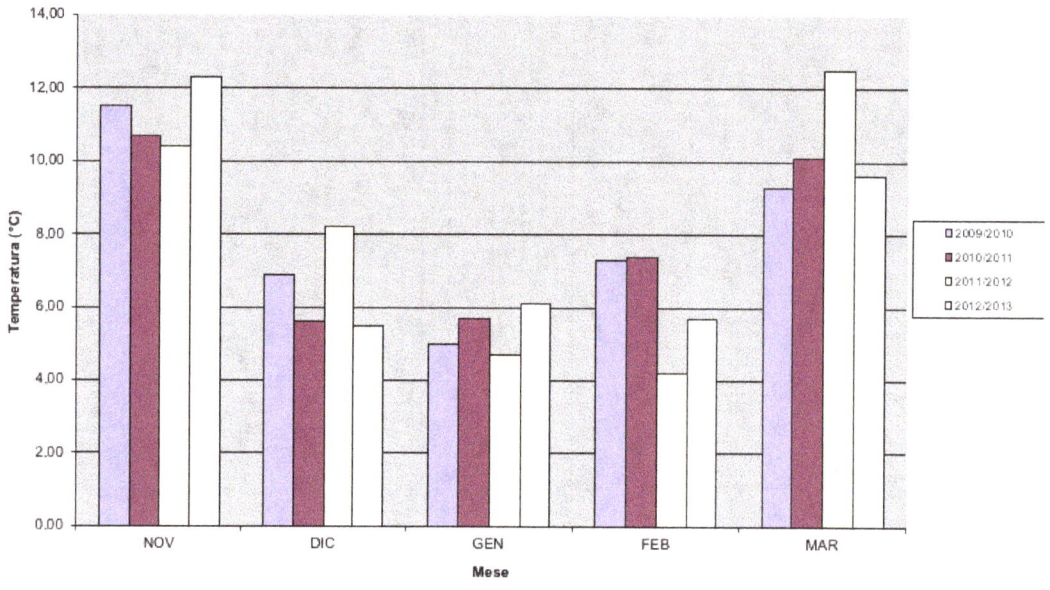

Figura 47

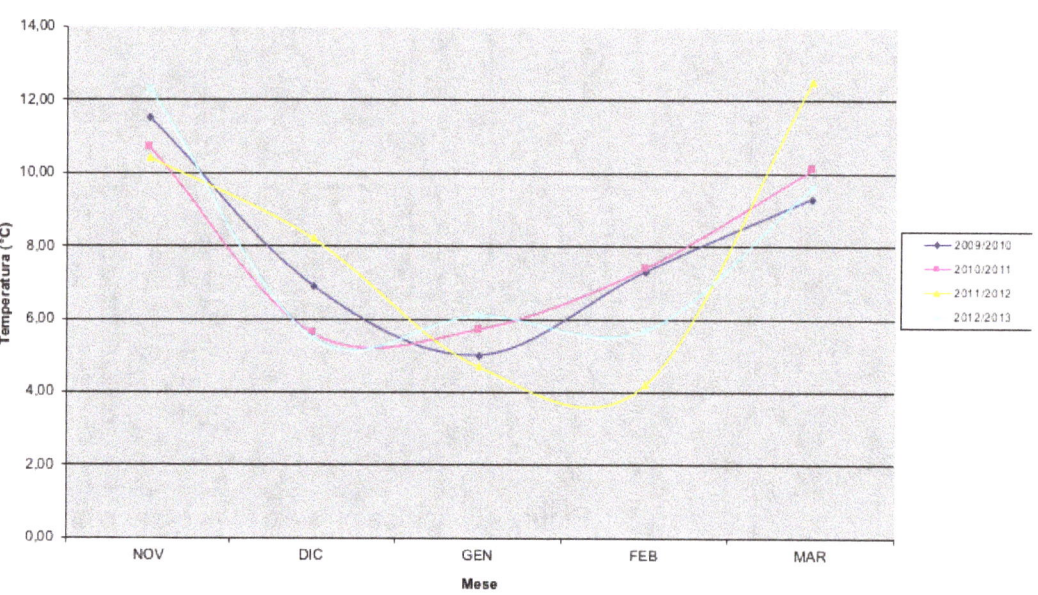

Figura 48

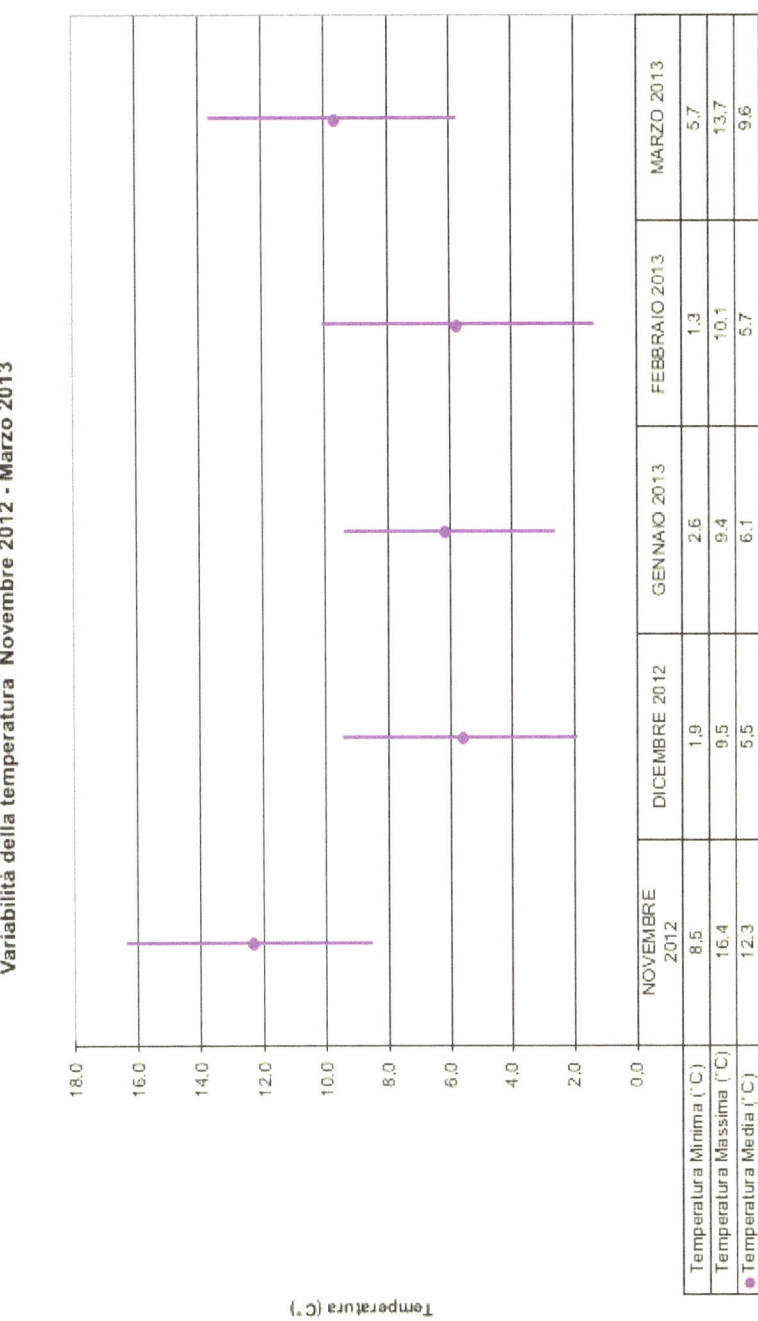

Figura 49   Variabilità della temperatura mensile (°C) durante la stagione osservata durante l'analisi effettuata.

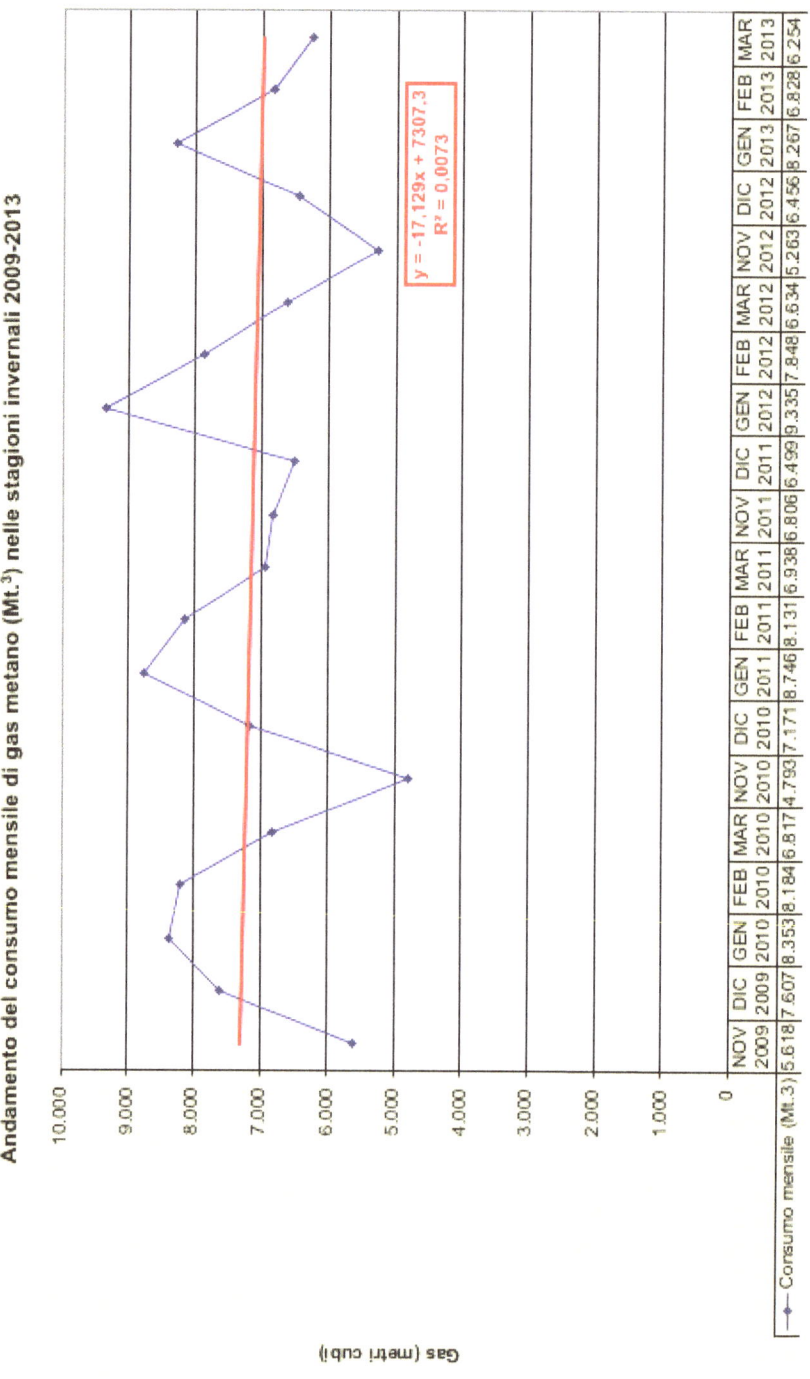

Figura 50   Andamento del consumo mensile di gas metano   (metri cubi) durante la stagioni invernali.

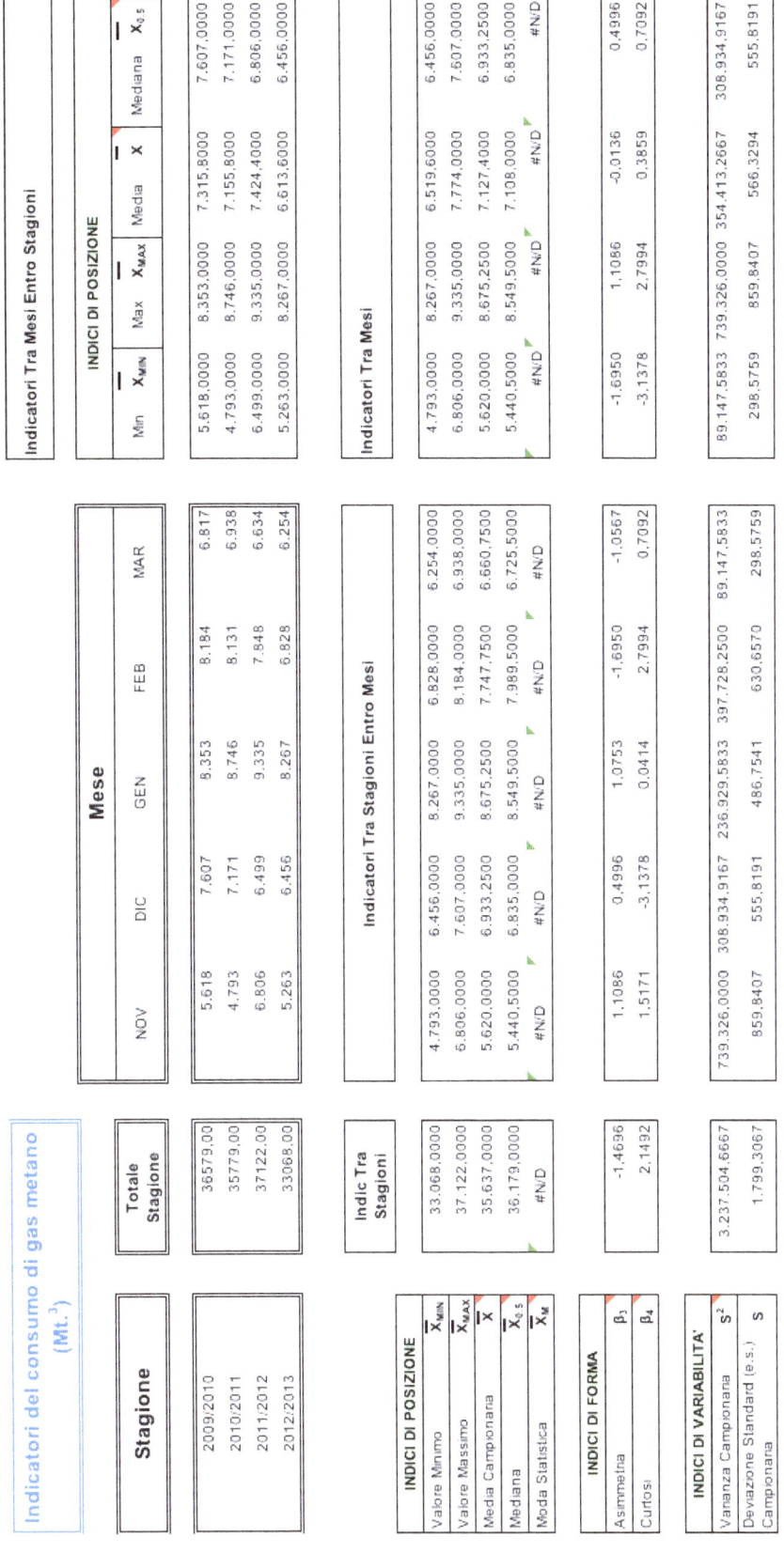

Figura 51 Indicatori del consumo di gas metano (metri cubi)

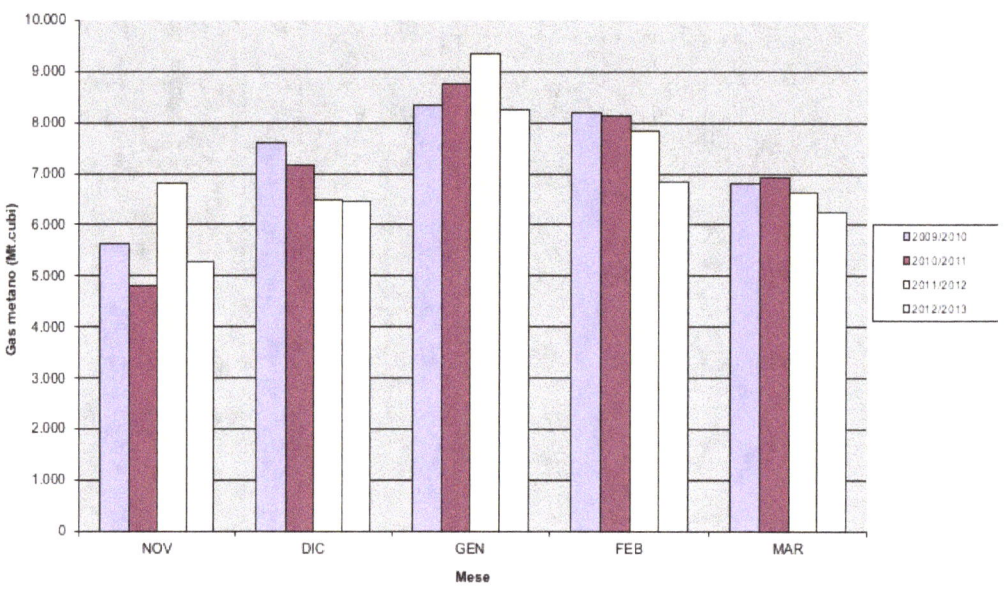

Figura 52

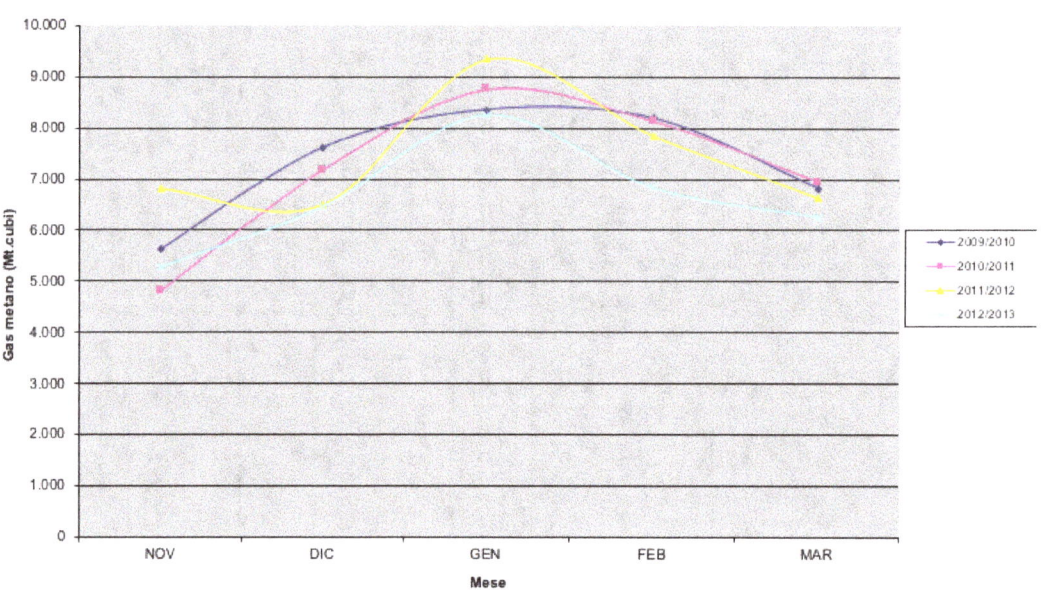

Figura 53

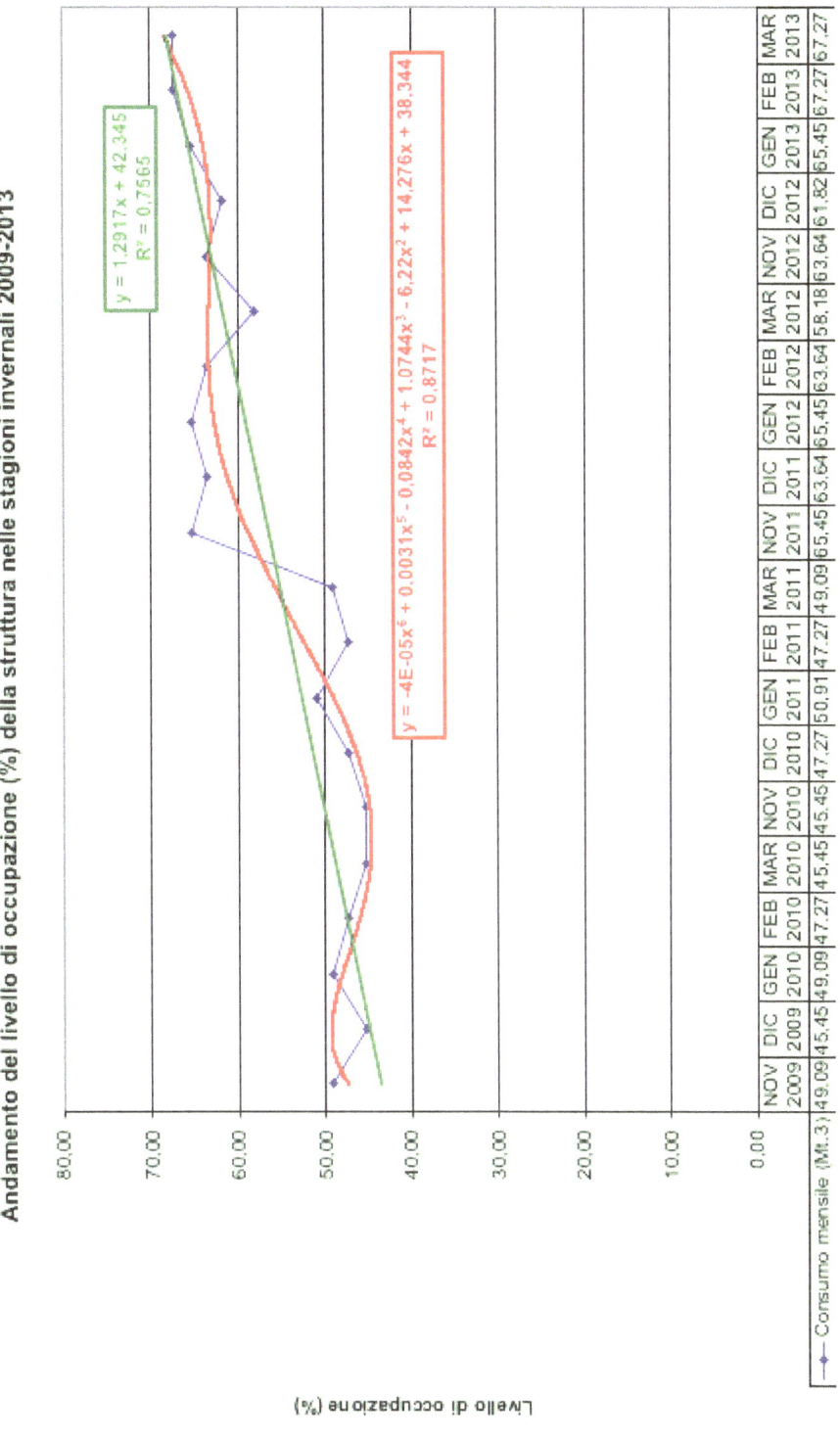

Figura 54 Andamento mensile del livello di occupazione (%) della struttura durante le stagioni invernali

Gli indici proposti evidenziano che la variabilità delle condizioni metereologiche esterne alla struttura influenza non solo la temperatura all'interno della stessa, ma anche, come ovvio che fosse, il consumo di gas metano; il livello di occupazione della struttura sembra, invece, in questo caso, non essere significativo.

Ci interessa tuttavia, per capire l'esatta relazione tra queste variabili, sintetizzare il rapporto tra di esse con una funzione matematica: si costruisce perciò una serie di **modelli statistici**.

6.2 Quantificazione del risparmio energetico effettivo

Innanzitutto si costruisce un **modello della varianza**, nel quale viene effettuata l'analisi del **consumo di gas metano** relativamente al **fattore "mese"** (**fig.55**), per avere la quota di significatività del fattore stesso, quota che in questo caso risulta essere piuttosto alta ($= 0,80$)[18] .

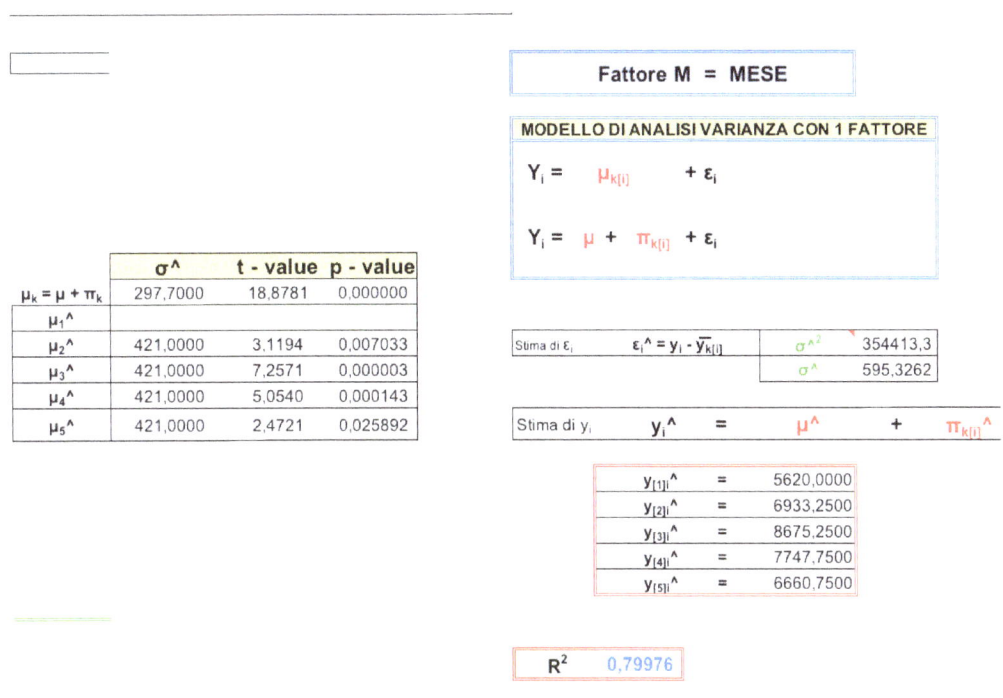

Figura 55 Modello di analisi della varianza del consumo di gas metano (metri cubi) rispetto al fattore "mese"

---

[18] Si osserva infatti che l'**indice di determinazione lineare** R^2 assume un valore pari a 0,80 abbondantemente vicino a 1,00 (tale indice assume un valore che varia nell'intervallo che va da 0,00 a 1,00), anche i **p-value** relativi ai paramentri e al modello assumono valori estremamente vicini allo zero.

Incrociando poi tra loro tutte le variabili e i fattori considerati nella matrice dei dati, considerando solo le variabili e fattori significativi ed gli eventuali termini quadratici e le interazioni[19], si arriva a **6 modelli** che consentono di fare, con **attendibilità medio-alta**, le previsioni del consumo necessario di gas metano al variare delle condizioni metereologiche (i modelli confermano la non-significatività, almeno in questo contesto particolare, del livello di occupazione della struttura):

1) **modello di regressione lineare semplice (fig.56)**: variabile risposta = consumo gas metano (Mt.^{3}), variabile esplicativa = temperatura esterna media (°C), attendibilità = 6 (media).

Questo modello, la cui equazione è data dalla funzione lineare

$$Y = -326,18 \ x + 9.715,60$$

rappresenta, sul piano cartesiano, l'equazione di una retta che presenta le seguenti caratteristiche:

- **coefficiente angolare** = - 326,18 (essendo un valore negativo indica che la retta è decrescente)

- **termine noto** o **intercetta** = 9.715,60 ossia il punto in cui la retta incontra l'asse delle ordinate Y (temperatura).

[19] **Cfr. 3.1**

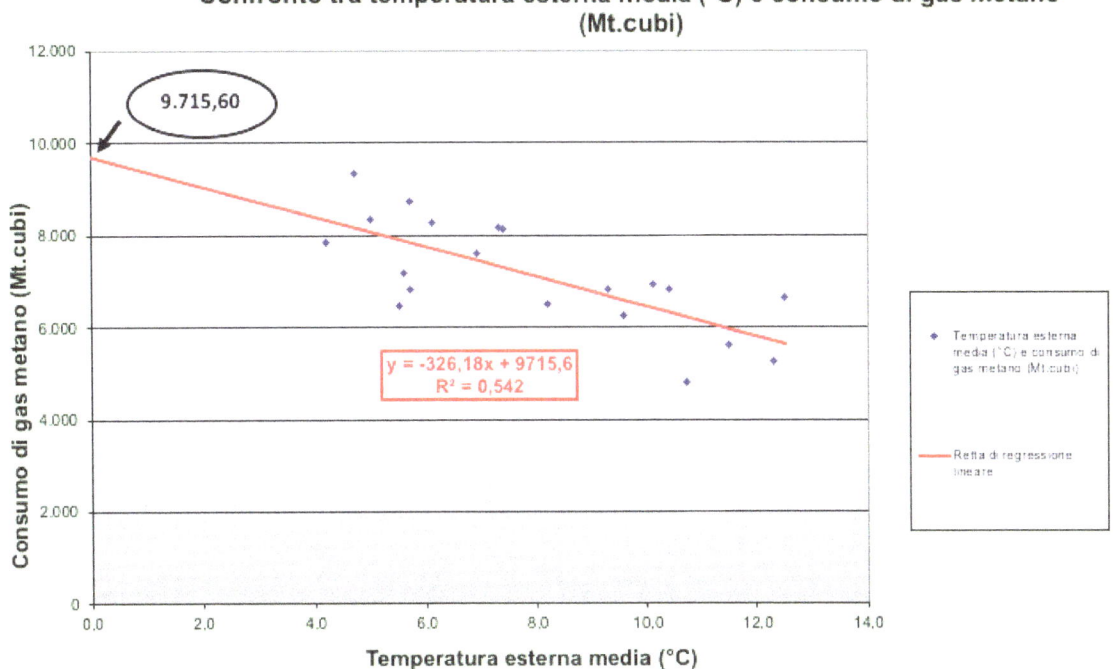

Figura 56 Modello di regressione lineare semplice n.1: consumo di gas (metri cubi) rispetto alla temperatura media (°C)

Come si può osservare anche dal grafico del modello costruito (**fig.56**), l'equazione della **retta** di **regressione lineare**, tracciata intorno ai dati costituenti il campione (puntini di colore blu), indica:

o il consumo stimato mensile di gas metano nella struttura sarebbe pari a 9.715,60 metri cubi, se la temperatura esterna media fosse pari a 0 gradi centigradi;

o il consumo stimato mensile di gas metano nella struttura diminuirebbe di 326,18 metri cubi per ogni grado centigrado in più che presenterebbe la temperatura esterna media.

Quindi se ad esempio la temperatura esterna media salisse fino a 12 °C il consumo stimato (previsto) sarebbe di 5.801,44 m^3 di gas metano:

$$x = 12 \qquad Y = -326,18 * 12 + 9.715,60 = 5.801,44$$

2) **Modello di analisi della covarianza**: variabile risposta = consumo gas metano (Mt.^{3}), variabile esplicativa = temperatura esterna media (°C), fattore = "mese", attendibilità = 6 (media).

Si osservi le **previsioni** dei **consumi mensili (fig.57)** rispetto alla temperatura esterna media rilevata (ad esempio, nel mese di novembre, rispetto alla temperatura media rilevata di 12,50 °C, il modello prevede un consumo di 5.589,25 metri cubi di gas metano, etc.).

Valore previsto dato valore x_h osservato	$y_h^\wedge$	=	$\mu^\wedge$	+	$\pi_{k[i]}^\wedge$	+	$\beta_1^\wedge$	x_{h1}
Valore previsto **Novembre**	$y_h^\wedge$	=	5890,50	+	$\pi_{1[i]}^\wedge$	+	-24,10	12,50
Valore previsto **Dicembre**	$y_h^\wedge$	=	5890,50	+	$\pi_{2[i]}^\wedge$	+	-24,10	7,40
Valore previsto **Gennaio**	$y_h^\wedge$	=	5890,50	+	$\pi_{3[i]}^\wedge$	+	-24,10	9,50
Valore previsto **Febbraio**	$y_h^\wedge$	=	5890,50	+	$\pi_{4[i]}^\wedge$	+	-24,10	11,10
Valore previsto **Marzo**	$y_h^\wedge$	=	5890,50	+	$\pi_{5[i]}^\wedge$	+	-24,10	12,40

M	$y_h^\wedge$		
Novembre	$y_h^\wedge$	=	5589,25
Dicembre	$y_h^\wedge$	=	6912,76
Gennaio	$y_h^\wedge$	=	8575,85
Febbraio	$y_h^\wedge$	=	7628,39
Marzo	$y_h^\wedge$	=	6611,96

Figura 57   Modello di analisi della covarianza n.2: previsioni dei consumi mensili rispetto alla temperatura esterna media (°C)

3) **Modello di regressione lineare multipla (fig.58)** : variabile risposta = consumo gas metano $(Mt.^3)$, variabili esplicative = temperatura esterna media (°C) e temperatura esterna minima (°C), attendibilità = 6,5 (media).

Si osservi i **test** di adeguatezza (attendibilità) del modello (**F** = 18,18 **p-value** = 0,000…), l'indice di determinazione lineare (**R²** = 0,68) e le **previsioni** (**fig.59**) dei **consumi mensili** rispetto alla temperatura esterna media e temperatura esterna minima rilevate (ad esempio, nel mese di dicembre, rispetto alla temperatura media rilevata di 7,40 °C e quella minima di 3,30 °C, il modello prevede un consumo di 7.279,71 metri cubi di gas metano, etc.).

n	20
p	3
GL = n-p	17

VARIABILE RISPOSTA	Y	Consumo gas metano $(Mt.^3)$
VARIABILE ESPLICATIVA	X_1	Temperatura esterna media (°C)
VARIABILE ESPLICATIVA	X_2	Temperatura esterna minima (°C)

R	0,825487
R²	0,681429

$F_{p-1, n-p}$	18,1816279
p - value	0,0000598765

TAVOLA ANALISI DEVIANZA   DEV(Y)

		G.L.			Varianza	$F_{(p-1)-1, n-p}$ - value	p - value
REGRESSIONE x_1	14.388.838,0	p - (p - 1)	1	N_1	14.388.838,0000	28.920632	0,00005010
REGRESSIONE x_2	3.702.917,0	p - (p - 1)	1	N_2	3.702.917,0000	7.442623	0,01430899
RESIDUA	8.457.984,0	n - p	17	D	497.528,4706		
TOTALE	26549739	n - 1	19		1.397.354,684211		

Figura 58   Modello di regressione lineare multipla n.3

Valore previsto dato valori x_h osservati		$y_h{}^\wedge$	=	7.884,90	+	170,40	x_{h1}	+	-565,50	x_{h2}
Valore previsto	Novembre	5095,05	=	7.884,90	+	170,40	12,50	+	-565,50	8,70
Valore previsto	Dicembre	7279,71	=	7.884,90	+	170,40	7,40	+	-565,50	3,30
Valore previsto	Gennaio	6280,35	=	7.884,90	+	170,40	9,50	+	-565,50	5,70
Valore previsto	Febbraio	5591,6	=	7.884,90	+	170,40	11,10	+	-565,50	7,40
Valore previsto	Marzo	5869,71	=	7.884,90	+	170,40	12,40	+	-565,50	7,30

Figura 59   Modello di regressione lineare multipla n.3: previsioni dei consumi mensili rispetto alla temperatura esterna (°C) media e minima

4)   **Modello di regressione lineare multipla (fig.60 e fig.61**): variabile risposta = consumo gas metano (Mt.^{3}), variabili esplicative = temperatura esterna media (°C) e temperatura esterna massima (°C), attendibilità = 6,5 (media).

n	20
p	3
GL = n-p	17

VARIABILE RISPOSTA	Y	Consumo gas metano (Mt.^{3})
VARIABILE ESPLICATIVA	X_1	Temperatura esterna media (°C)
VARIABILE ESPLICATIVA	X_3	Temperatura esterna massima (°C)

R	0,810674
R^2	0,65719

$F_{p-1, n-p}$	16,2953022

p - value	0,0001116660

TAVOLA ANALISI DEVIANZA   DEV(Y)

		G.L.			Varianza	(p-1)-1,n-p - valu	p - value
REGRESSIONI x_1	14.388.838,0	p - (p - 1)	1	N_1	14.388.838,0000	26,876015	0,00007467
REGRESSIONI x_3	3.059.468,0	p - (p - 1)	1	N_2	3.059.468,0000	5,714590	0,02867065
RESIDUA	9.101.433,0	n - p	17	D	535.378,4118		
TOTALE	26549739	n - 1	19		1.397.354,684211		

Figura 60   Modello di regressione lineare multipla n.4

Valore previsto dato valori x_h osservati	$\hat{y}_h$	=	8.312,30	+	-807,00	x_{h1}	+	419,80	x_{h3}
Valore previsto **Novembre**	5025,56	=	8.312,30	+	-807,00	12,50	+	419,80	16,20
Valore previsto **Dicembre**	7252,16	=	8.312,30	+	-807,00	7,40	+	419,80	11,70
Valore previsto **Gennaio**	6061,22	=	8.312,30	+	-807,00	9,50	+	419,80	12,90
Valore previsto **Febbraio**	5693,58	=	8.312,30	+	-807,00	11,10	+	419,80	15,10
Valore previsto **Marzo**	5693,98	=	8.312,30	+	-807,00	12,40	+	419,80	17,60

Figura 61 Modello di regressione lineare multipla n.4: previsioni dei consumi mensili rispetto alla temperatura esterna (°C) media e massima

5)   **Modello di regressione lineare multipla (fig.62 e fig.63):** variabile risposta = consumo gas metano (Mt.^{3}), variabili esplicative = temperatura esterna media (°C) e umidità media (%), attendibilità = 6,5 (media).

n	20
p	3
GL = n-p	17

VARIABILE RISPOSTA	Y	Consumo gas metano (Mt.^{3})
VARIABILE ESPLICATIVA	X_1	Temperatura esterna media (°C)
VARIABILE ESPLICATIVA	X_4	Umidità media (%)

R	0,79064
R^2	0,62511

$F_{p-1,\,n-p}$ 14,1735741

p - value   0,0002388587

TAVOLA ANALISI DEVIANZA   DEV(Y)

		G.L.			Varianza	$(p-1)-1,n-p$ - valu	p - value
REGRESSIONI x_1	14.388.838,0	p - (p - 1)	1	N_1	14.388.838,0000	24,576240	0,00011979
REGRESSIONI x_4	2.207.782,0	p - (p - 1)	1	N_2	2.207.782,0000	3,770908	0,06891011
RESIDUA	9.953.119,0	n - p	17	D	585.477,5882		
TOTALE	26549739	n - 1	19		1.397.354,684211		

Figura 62 Modello di regressione lineare multipla n.5

Valore previsto dato valori x_h osservati	$y_h{}^\wedge$	=	13.182,42	+	-335,13	x_{h1}	+	-44,52	x_{h4}
Valore previsto **Novembre**	5605,32	=	13.182,42	+	-335,13	12,50	+	-44,52	76,10
Valore previsto **Dicembre**	6918,26	=	13.182,42	+	-335,13	7,40	+	-44,52	85,00
Valore previsto **Gennaio**	6143,25	=	13.182,42	+	-335,13	9,50	+	-44,52	86,60
Valore previsto **Febbraio**	5794,03	=	13.182,42	+	-335,13	11,10	+	-44,52	82,40
Valore previsto **Marzo**	6097,39	=	13.182,42	+	-335,13	12,40	+	-44,52	65,80

Figura 63   Modello di regressione lineare multipla n.5: previsioni dei consumi mensili rispetto alla temperatura esterna media (°C)   ed umidità media (%)

6)   **Modello di analisi della covarianza (fig.64 e fig.65)**: variabile risposta = consumo gas metano (Mt.^{3}), variabili esplicative = temperatura esterna media (°C) e temperatura esterna minima (°C), fattore = "mese", attendibilità = 7,5 (alta).

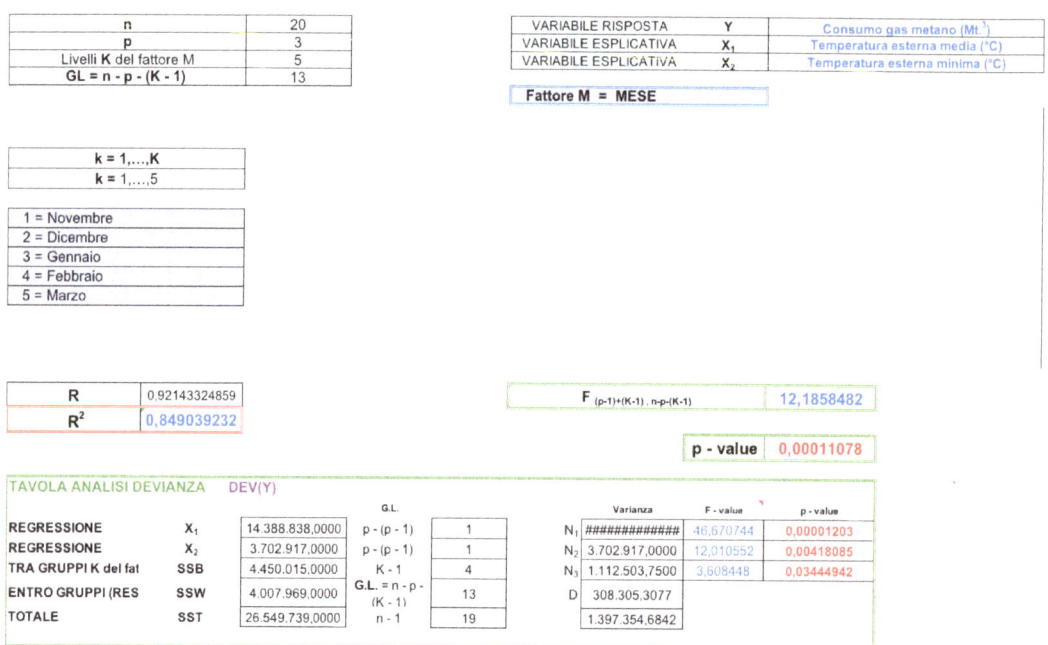

Figura 64   Modello di analisi della covarianza n.6

Valore previsto dato valore x_h osservato	$y_h^{\wedge}$	=	$\mu^{\wedge}$	+	$\pi_{k[i]}^{\wedge}$	+	$\beta_1^{\wedge}$	x_{h1}	+	$\beta_2^{\wedge}$	x_{h2}
Valore previsto **Novembre**	$y_h^{\wedge}$	=	5460,10	+	$\pi_{1[i]}^{\wedge}$	+	242,20	12,50	+	-364,30	8,70
Valore previsto **Dicembre**	$y_h^{\wedge}$	=	5460,10	+	$\pi_{2[i]}^{\wedge}$	+	242,20	7,40	+	-364,30	3,30
Valore previsto **Gennaio**	$y_h^{\wedge}$	=	5460,10	+	$\pi_{3[i]}^{\wedge}$	+	242,20	9,50	+	-364,30	5,70
Valore previsto **Febbraio**	$y_h^{\wedge}$	=	5460,10	+	$\pi_{4[i]}^{\wedge}$	+	242,20	11,10	+	-364,30	7,40
Valore previsto **Marzo**	$y_h^{\wedge}$	=	5460,10	+	$\pi_{5[i]}^{\wedge}$	+	242,20	12,40	+	-364,30	7,30

M			$y_h^{\wedge}$
Novembre	$y_0^{\wedge}$	=	5318,19
Dicembre	$y_0^{\wedge}$	=	6902,09
Gennaio	$y_0^{\wedge}$	=	8071,19
Febbraio	$y_0^{\wedge}$	=	7033,80
Marzo	$y_0^{\wedge}$	=	6504,19

Figura 65   Modello di analisi della covarianza n.6: previsioni dei consumi mensili rispetto alla temperatura esterna (°C) media e minima

Attraverso i modelli considerati si effettua il confronto tra il consumo effettivo mensile di gas metano e quello previsto dai modelli stessi (**fig.66**): è immediato stimare in tal modo il **risparmio** di consumo di gas metano **rispetto alle variabili metereologiche**; ovviamente una volta quantificato il **risparmio effettivo**, tale valore subirà un **incremento** nel caso che i valori metereologici indichino un **periodo invernale più rigido** del precedente[20], e viceversa **diminuirà** di fronte a valori metereologici che indichino **un periodo invernale meno rigido** del precedente[21].

---

[20] Ipotizzando che la stessa situazione metereologica (cioè un periodo invernale più rigido) si fosse presentata nel periodo precedente, il consumo energetico della stagione precedente stessa sarebbe stato maggiore e di conseguenza si deve considerare un valore di risparmio effettivo maggiore.

[21] Ipotizzando che la stessa situazione metereologica (cioè un periodo invernale meno rigido) si fosse presentata nel periodo precedente, il consumo energetico della stagione precedente stessa sarebbe stato minore e di conseguenza si deve considerare un valore di risparmio effettivo minore.

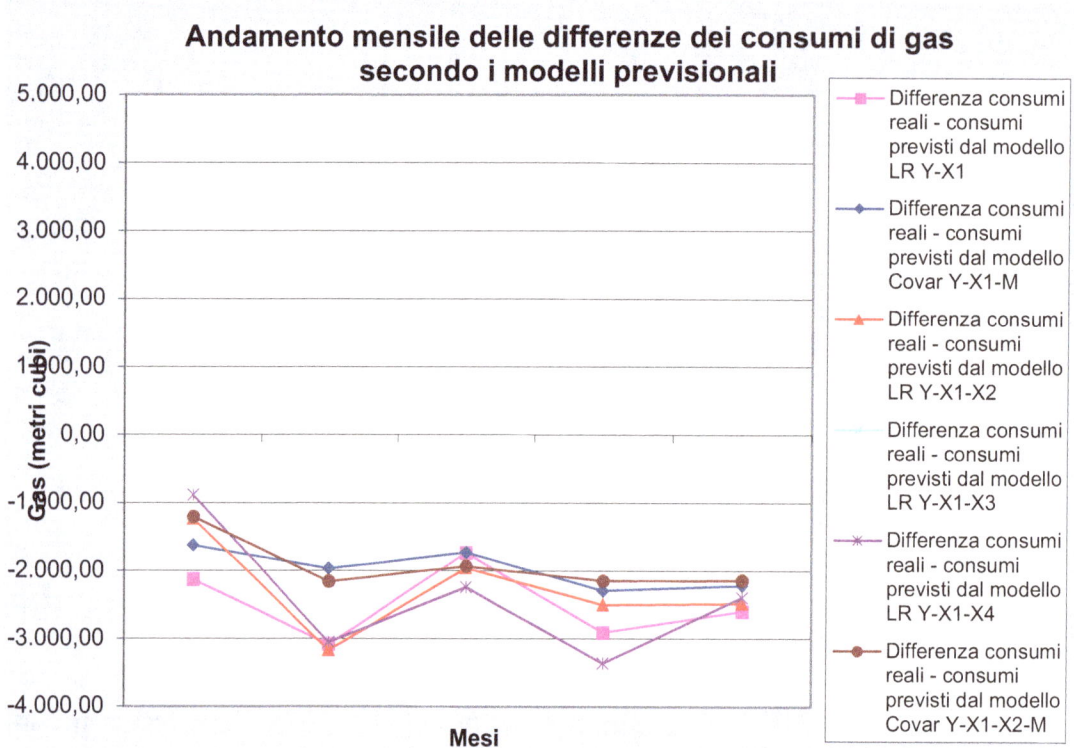

Figura 66 Confronto tra consumo effettivo di gas metano e consumo previsto dai modelli

Nel caso specifico, si è stimato, attraverso una **media ponderata** che considera il peso statistico di attendibilità di ciascun modello utilizzato, un **risparmio effettivo** collocabile intorno al **32,74%**.

Si può osservare infatti (**fig.67**) che durante la stagione invernale successiva alle strategie adottate il risparmio reale di gas metano è stato di 6.833,00 metri cubi, pari al 20,66%; tuttavia, dal momento che la **stagione invernale** in questione è stata **più rigida** della precedente, si è **stimato**, tramite le **previsioni** dei 6 **modelli statistici** adottati, un **risparmio** di 10.827,91 metri cubi di gas metano, pari appunto al **32,74%**, cioè quello che si sarebbe risparmiato a **parità di condizioni metereologiche**.

CONFRONTO STAGIONALE CONSUMI DI GAS

RISPARMIO EFFETTIVO

	2012-2013	2013-2014	Δ RISPARMIO	Δ (%)
Consumo stagionale effettivo (Mt.³)	33.068,00	26.235,00	-6.833,00	-20,66

RISPARMIO STIMATO rispetto VARIABILI METEREOLOGICHE

	2012-2013	2013-2014	Δ RISPARMIO	Δ (%)	Δ Risparmio Effettivo-Risparmio Stimato	Δ (%) Risparmio Effettivo-Risparmio Stimato
Risparmio stagionale previsto (Mt.³) secondo Modello LR Y-X₁ Attendibilità 6 (Media)	33.068,00	38.466,57	5.398,57	16,33	-12.231,57	-36,99
Risparmio stagionale previsto (Mt.³) secondo Modello Covar Y-X₁-M Attendibilità 6 (Medio/Alta)	33.068,00	35.846,00	2.778,00	8,40	-9.611,00	-29,06
Risparmio stagionale previsto (Mt.³) secondo Modello LR Y-X₁-X₂ Attendibilità 6.5 (Media)	33.068,00	37.355,00	4.287,00	12,96	-11.120,00	-33,63
Risparmio stagionale previsto (Mt.³) secondo Modello LR Y-X₁-X₃ Attendibilità 6.5 (Media)	33.068,00	37.954,30	4.886,30	14,78	-11.719,30	-35,44
Risparmio stagionale previsto (Mt.³) secondo Modello LR Y-X₁-X₄ Attendibilità 6.5 (Media)	33.068,00	37.403,43	4.335,43	13,11	-11.168,43	-33,77
Risparmio stagionale previsto (Mt.³) secondo Modello Covar Y-X₁-X₄-M Attendibilità 7.5 (Alta)	33.068,00	35.592,70	2.524,70	7,63	-9.357,70	-28,30
MEDIA	33.068,00	37.103,00	4.035,00	12,20	-10.868,00	-32,87
MEDIA PONDERATA AL PESO DEL MODELLO	33.068,00	37.062,91	3.994,91	12,08	-10.827,91	-32,74
DEVIAZIONE STANDARD	0,00	1.048,72	1.048,72		1.048,72	3,17
VARIANZA	0,00	1.099.808,68	1.099.808,68		1.099.808,68	10,06

Figura 67 Tabella del risparmio effettivo e stimato di gas metano (metri cubi) a parità di condizioni metereologiche

Conclusioni

Si può concludere questa analisi specifica affermando che questa metodologia, negli **anni successivi** alla **sperimentazione** (andata a buon fine), è stata applicata anche a strutture complesse di tipologia diversa come **scuole**, **ospedali**, **hotel**, etc. e anche ad **altri tipi di energia** (ad esempio il consumo di energia elettrica in presenza di condizionatori, etc.).

In alternativa......verifica funzionalita' impianto termico nel tempo.

Se i dati raccolti su una struttura indicassero che un **intervento** di questo tipo **non** è **necessario** in quanto lo stato ambientale e il consumo energetico sono già ottimali, questa metodologia statistica permette comunque di ottenere una **verifica** che l'**impianto termico** è impostato in maniera **ottimale**.

Inoltre, sia in caso sia stato necessario l'intervento di **controllo** sia in caso contrario, è possibile utilizzare solamente il **modello di verifica**, il quale, in base allo **storico** dei **consumi di energia** e alle **condizioni meteo**, permetterà di **verificare** se la **funzionalità** dell'**impianto termico** di una struttura resterà **costante nel tempo**, senza cioè bisogno di particolari interventi successivi.